中学生天文奥赛理论手册

主　编　朱潇剑

副主编　谢梓瀚　陈熙杨　梁浚旻　陈晓畅　林程吉

编　委　李焕伟　杜士邦　张子键　邱子健　林晓华

陈泽文　方　城　刘　莉　陈　亮　郭华夏

谢伊凡　任婉秋　林银斌　石晓雪

鸣　谢

天枢天文与地学社历届学研部、奥赛队成员

在科学上没有平坦的大道，

只有不畏艰苦沿着陡峭山路不断攀登的人，

才能到达光辉的顶点。

内容简介

本书源于多年中学生天文奥赛教学经验总结，原为汕头市金山中学天枢天文与地学社的内部天文讲义，图书内容包含全国中学生天文知识竞赛考查到的大部分知识点，并对国际天文与天体物理奥林匹克竞赛（IOAA）等内容有一定涉足。经过多年编撰与修改，现将教学内容及经验进行梳理并出版发行，希望为爱好天文的中学生提供学习的指引与帮助。

本书适合爱好天文的中学生阅读。

图书在版编目（CIP）数据

中学生天文奥赛理论手册/朱潇剑主编. —哈尔滨：哈尔滨工业大学出版社，2022.6（2024.10 重印）
ISBN 978－7－5767－0175－3

Ⅰ.①中… Ⅱ.①朱… Ⅲ.①天文学－青少年读物
Ⅳ.①P1－49

中国版本图书馆 CIP 数据核字（2022）第 117047 号

策划编辑　闻　竹
责任编辑　王会丽
封面设计　郝　棣
出版发行　哈尔滨工业大学出版社
社　　址　哈尔滨市南岗区复华四道街 10 号　邮编 150006
传　　真　0451－86414749
网　　址　http://hitpress.hit.edu.cn
印　　刷　哈尔滨久利印刷有限公司
开　　本　787 mm×1 092 mm　1/16　印张 16　字数 244 千字
版　　次　2022 年 6 月第 1 版　2024 年 10 月第 5 次印刷
书　　号　ISBN 978－7－5767－0175－3
定　　价　48.00 元

前　　言

对于天文的认知，缘起2013年与天枢天文与地学社（简称天文社）创社社长林睿（汕头市金山中学2015届学生）的一段不经意的聊天，在对话中结识林璋星（汕头市金山中学2014届学生），于是三人萌发在校内创建天文社的想法，同年12月11日投资百万的天文专用教室及器材投入使用，学生天文社团正式成立，怀揣着梦想的"天文梦工厂"迈开逐梦星河的脚步。2015年，陈海滨、陈泽怀（汕头市金山中学2016届学生）代表社团参加全国中学生天文奥林匹克竞赛获鼓励奖，虽说只是"塑料牌"，却是天文社后续发展的一次有意义的尝试，鼓励奖也激励着我们坚持将竞赛拿下的斗志。他们回来之后就开始总结参赛经验，并形成社团学术专研、传承的氛围。受限于学习资料的匮乏，我们只能不断"啃下"一些难度非常大的大学天文系教材，慢慢地就萌发出做一份中学生天文讲义的想法。2016年至今，天文社团的孩子们不断刷新国赛成绩，从广东汕头走向世界，这更加坚定了我们一定要将天文奥赛参赛相关的知识内容、备赛经验进行总结、记录、分享并出版发行的决心，以帮助更多在中学期间便开启天文梦想的孩子们。于是在北京天文馆、广东天文学会的大力支持下，在众多专家、学者的热心帮助下，在华南师范大学附属中学师生的无私分享下，在众多届天枢人的不断努力下，本书正式成型，致敬为此书共同奋斗过的历届奥赛选手。

书是知识的总结，更是经验的分享，本书的内容源于2015年国赛备赛讲义初稿，经过历届传承、优化，已形成较为完整的知识体系结构，本书为历届天文社学生参加各级各类天文奥赛提供了帮助，许多学生获得了优秀的成绩。出版本书的初衷本是希望给初入高中的孩子作为基础版本使用，但在编撰的过程中逐渐增加了内容及难度，最终发现其更适合有一定基础的孩子作为提高教材学习使用。希望所有学习天文奥赛的孩子能铭记国赛的办赛初衷，天文奥赛不是功利的成绩输出，而是学科思维的碰撞，是对于专业探索的执着。

本书由谢梓瀚、陈熙杨（汕头市金山中学2020届学生）按历届讲义及经验最终完成编排。限于作者水平，书中难免存在疏漏和不足之处，若对教材编排及内容有疑问或有更好的修改意见，也欢迎大家交流与指正，特留邮箱 xiaosky2006@163.com。

——汕头市金山中学天枢天文社创社指导老师 朱潇剑

2022 年 4 月

目　　录

第一部分　讲　　义

第二部分　补　充

第一部分　讲　　义

第 1 章　数学基础

1.1　微　积　分

1.1.1　导数

1．导数的几何意义

学习时会遇到这样的数学情境：给定一个连续函数 $y=f(x)$，求 $f(x)$ 在某点的切线斜率。函数图像如图 1.1 所示。

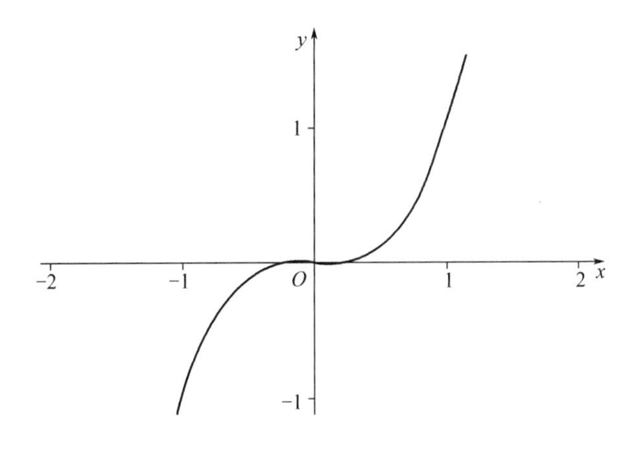

图 1.1　函数图像

要解决这个问题，首先要知道“切线”的准确定义。

在 $f(x)$ 上任取一定点 A，再取一动点 B，A 和 B 不在同一个点，连接 AB 得一直线，称为 $f(x)$ 的割线，如图 1.2 所示。

割线 AB 的斜率表达式为

$$k_{AB}=\frac{y_B-y_A}{x_B-x_A} \tag{1.1}$$

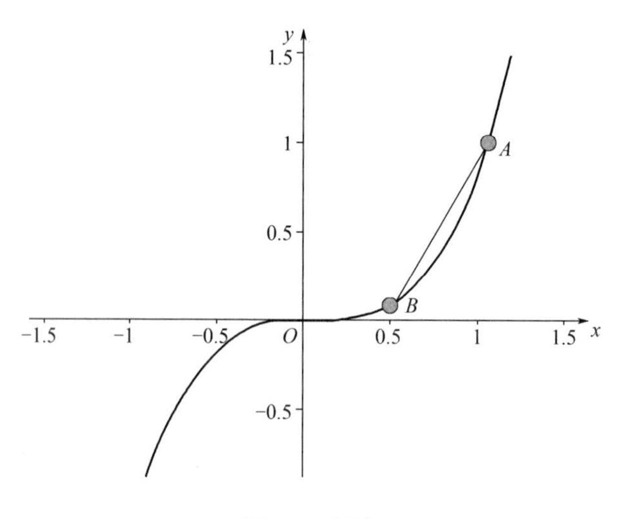

图 1.2　割线

移动点 B 可以发现,点 B 越靠近点 A,直线 AB 在点 A 附近与 $f(x)$ 越贴近,如图 1.3 所示。

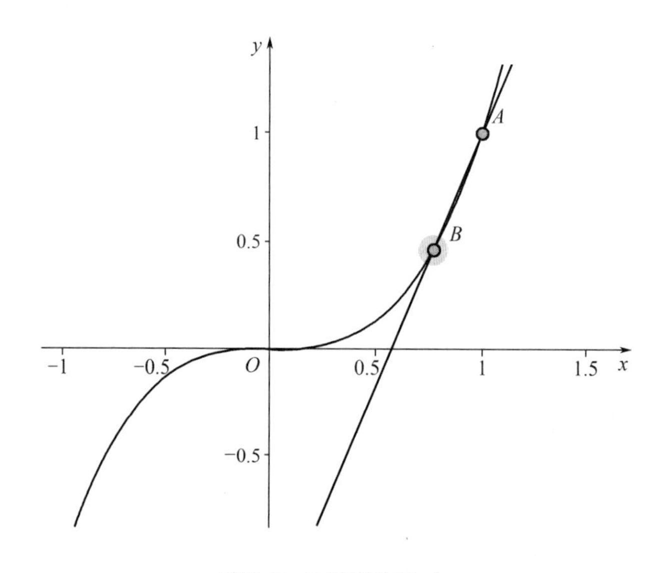

图 1.3　B 逐渐靠近 A

当点 B 无限接近点 A 时,割线 AB 的方程趋于固定,且直线 AB 在点 A 附近与 $f(x)$ 完全贴合,直线 AB 称为 $f(x)$ 在 A 点的切线,其示意图如图 1.4 所示。

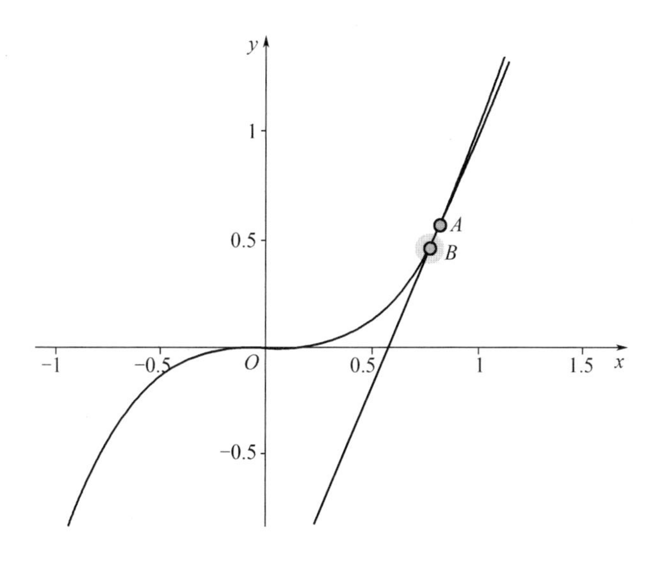

图 1.4 切线示意图

所以$f(x)$在 A 点的切线斜率为

$$k_A = \frac{y_B - y_A}{x_B - x_A} \qquad (x_B \to x_A)$$

$$= \frac{f(x_A + \Delta x) - f(x_A)}{\Delta x} \qquad (\Delta x \to 0) \tag{1.2}$$

式(1.2)即切线斜率的定义式。

把函数在某点的切线斜率称为函数在该点的导数,即导数的几何意义。

2. 导数的物理意义

从导数的几何意义中可以发现,导数表示的是 y 的微小变化量与 x 的微小变化量的商,这一特点与物理中的小车纸带实验有共同点。

根据打点计时器上点的间距读出小车的位移 s,根据点的数量读出小车运动的时间 t,运用公式 $\bar{v}=s/t$ 求出小车在这段时间内的平均速度。可以将其写为

$$v_{AB} = \frac{s_B - s_A}{t_B - t_A} \tag{1.3}$$

式中,s_B 表示小车经过 B 时刻(或路径上的一个点 B)时的总位移;t_B 表示小车在 B 时刻(或经过点 B 时)所花费的总时间。

当 B 时刻和 A 时刻无限接近时,平均速度则变为瞬时速度,其表达式为

$$v_A = \frac{s_B - s_A}{t_B - t_A} \qquad (t_B \to t_A)$$

$$= \frac{s(t_A + \Delta t) - s(t_A)}{\Delta t} \qquad (\Delta t \to 0) \qquad (1.4)$$

式(1.4)与导数的表达式非常相似。实际上,小车在某时刻的瞬时速度就是小车的 $s(t)$ 函数在这个点的导数。

这一表达式当然不只适用于小车的位移－时间模型,所有与之类似的有两个相关变量的物理模型均有导数的存在。导数为某个物理量和另一个物理量的相关变化率,这就是导数的物理意义。

3. 导数的定义式与导函数

由导数的定义式可以表示出所有函数在所有点的导数值(当然,能不能求解出其表达式是另一回事)。上述用斜率和速度这两个有确切现实意义的量来表示导数,使其具有普遍性,接下来用特定的符号 $y'|_{x=x_0}$ 和 $f'(x_0)$ 来表示函数在 x_0 点处的导数。

这样就有导数的定义式,即

$$f'(x_0) = \frac{f(x_0 + \Delta x) - f(x_0)}{\Delta x} \qquad (\Delta x \to 0)$$

下面从最简单的几个函数入手来求其导数值,有

$$y = x$$

$$f'(x_0) = \frac{(x_0 + \Delta x) - x_0}{\Delta x} \qquad (\Delta x \to 0)$$

$$= \frac{\Delta x}{\Delta x} \qquad (\Delta x \to 0)$$

$$= 1$$

$$y = x^3$$

或

$$f'(x_0) = \frac{(x_0 + \Delta x)^3 - x_0^3}{\Delta x} \qquad (\Delta x \to 0)$$

$$= \frac{3x_0^2\Delta x + 3x_0\Delta x^2 + \Delta x^3}{\Delta x} \qquad (\Delta x \to 0)$$

$$= 3x_0^2 + 3x_0\Delta x + \Delta x^2 = 3x_0^2 \qquad (\Delta x \to 0)$$

可以发现，$f'(x_0)$的值会随着x_0值的改变而改变。所以可以把$f'(x_0)$当成关于x_0的函数，称为导函数，于是把x_0当成变量x看待，有

$$f'(x) = 3x^2$$

接下来不需要求函数$f(x)$在某个特定点x_0的导数，而是直接求$f'(x_0)$与x的关系，需要时再用x_0代入x。实际上这两个过程的求法是一致的，有

$$y = 1/x$$

$$f'(x) = \frac{\left(\frac{1}{x+\Delta x}\right) - \frac{1}{x}}{\Delta x} \quad (\Delta x \to 0)$$

$$= \frac{x - (x + \Delta x)}{(x + \Delta x) \cdot x \cdot \Delta x} \quad (\Delta x \to 0)$$

$$= \frac{-\Delta x}{x \cdot x \cdot \Delta x} \quad (\Delta x \to 0)$$

$$= -\frac{1}{x^2}$$

4. 基本初等函数的导数

现在读者应该已经明白运用导数定义式求解导函数的过程了，下面给出基本初等函数的导数表，见表1.1（其中c、α、a均为常数）。

表1.1　基本初等函数的导数表

原函数	导函数
$f(x) = c$	$f'(x) = 0$
$f(x) = x^a$	$f'(x) = \alpha x^{\alpha-1}$
$f(x) = e^x$	$f'(x) = e^x$
$f(x) = \ln x$	$f'(x) = \frac{1}{x}$
$f(x) = \sin x$	$f'(x) = \cos x$
$f(x) = \cos x$	$f'(x) = -\sin x$
$f(x) = a^x$	$f'(x) = a^x \ln a$
$f(x) = \log_a x$	$f'(x) = \frac{1}{x \cdot \ln a}$

若读者尝试用上述的导数定义式证明表格中的所有导数,则以高中阶段的知识体系总会遇到困难。在此给出一部分高中阶段的解题思路。

(1)对于$f(x)=e^x$与$f(x)=\ln x$,读者不必尝试求出它们的导数。这涉及e的定义$e=\lim\limits_{x\to\infty}\left(1+\frac{1}{x}\right)^x$。

(2)对于$f(x)=a^x$与$f(x)=\log_a x$,可以用(1)中的结果与后面章节提到的导数运算法则结合求出。

(3)对于$f(x)=\sin x$,运用定义式会有

$$
\begin{aligned}
f'(x) &= \frac{\sin(x+\Delta x)-\sin x}{\Delta x} \qquad (\Delta x\to 0) \\
&= 2\cdot\cos\left(\frac{x+\Delta x+x}{2}\right)\cdot\sin\left(\frac{x+\Delta x-x}{2}\right)/\Delta x \qquad (\Delta x\to 0) \\
&= 2\cdot\frac{\cos x\cdot\sin(\Delta x/2)}{\Delta x} \qquad (\Delta x\to 0) \\
&= \cos x\cdot\frac{\sin(\Delta x/2)}{\Delta x/2} \qquad (\Delta x\to 0)
\end{aligned}
$$

做到这里或许就做不下去了,实际上可以证明$\frac{\sin(\Delta x/2)}{\Delta x/2}=1(\Delta x\to 0)$,所以有

$$f'(x)=\cos x$$

至于如何证明$\frac{\sin t}{t}=1(t\to 0)$,需要用到大学微积分课程中的夹逼定理,有兴趣的读者可以翻看任意一本大学微积分教程。

5. 基本求导规则

为使导数概念成为一个有效的工具,必须有计算导数的简便方法。除了少数简单情形之外,直接用定义计算导数并不可取。合理的方法是:首先建立几条“基本求导规则”,然后利用这些规则将较复杂函数的求导转化为某些简单函数的求导。对于后者,可利用已有的导数公式与基本求导规则①。

导数的运算遵循下列规则。

---

① 《微积分学(上册)》(高等教育出版社)

(1)线性规则为

$$[cf(x)]' = c \cdot f'(x)$$

(2)积规则为

$$[f(x) \cdot g(x)]' = f'(x)g(x) + f(x)g'(x)$$

(3)商规则为

$$[f(x)/g(x)]' = \frac{f'(x)g(x) - f(x)g'(x)}{g(x)^2}$$

(4)链规则为

$$[f(g(x))]' = f'(g) \cdot g'(x)$$

链规则也称复合函数求导规则。需要注意的是,$f(g(x))$是以x为自变量的,$f(g)$是以g为自变量的,$g(x)$是以x为自变量的。例如,求函数$f(x)=(x^2+2x)^2$的导数,令$g(x)=x^2+2x$,则$f(x)=f(g)=g^2$,$f'(g)=2g$,$g'(x)=2x+2$,所以$f(x)=2g\cdot(2x+2)=2(x^2+2x)(2x+x)$(注意最后要把$g$用$x$表示回来)。

这里不给出四个规则的证明,有兴趣的读者可依据定义自行证明,其中链规则的证明具有技巧性,请读者量力而行。

1.1.2 微分

1. 微分的定义

微分的概念比较抽象,给出其准确定义需要大学学到的“极限”概念(事实上,上述导数的准确定义也需要用到“极限”概念),对于高中阶段可以简单地把微分理解为“某个值的微小变化”,即

$$\Delta x = \mathrm{d}x \qquad (\Delta x \to 0)$$

$$\Delta y = \mathrm{d}y \qquad (\Delta y \to 0)$$

这里并没有强调y是关于x的函数。微分表示的只是某个值的变化,并不需要这个值作为函数的自变量或因变量。需要注意的是,$\mathrm{d}x$表示的并不是d乘x,而是一种固定的表达方式,称d为微分算子。

这里不给出微分的准确定义。事实上,准确定义微分与导数的作用是检测一个函数在某个点是否具有导数,以及是否可微。在天文奥赛中,考查的是

物理情景,物理量的变化一般都是连续的,所以不需要考虑可不可以微分和求导。也就是说,即使在高中阶段花很大力气学习这些,也基本用不到。

上述有 $f'(x)=\Delta y/\Delta x(\Delta x\to 0)$,由此可以得到

$$f'(x)=\frac{\mathrm{d}y}{\mathrm{d}x}$$

这是函数导数的另一种表达方式,在物理情景中更为常用,因为其明确地表示了自变量和因变量。

因此,求一个函数的微分时,可以先求出其导数,然后用其导数乘 $\mathrm{d}x$,即求导就是求微,求微就是求导。因此导数的基本求导规则可以直接应用于微分,称为基本微分规则。

2. 基本微分规则

谈到微分时常用 v 与 u 这两个符号来表示微分的对象。

(1)线性规则为

$$\mathrm{d}(c\cdot u)=c\cdot \mathrm{d}u$$

(2)积规则为

$$\mathrm{d}(u\cdot v)=\mathrm{d}u\cdot v+u\cdot \mathrm{d}v$$

(3)商规则为

$$\mathrm{d}\left(\frac{u}{v}\right)=\frac{\mathrm{d}u\cdot v-u\cdot \mathrm{d}v}{v^2}$$

(4)链规则为

$$\mathrm{d}u=\frac{\mathrm{d}u}{\mathrm{d}v}\cdot \mathrm{d}v=u'(v)\cdot \mathrm{d}v$$

基本微分规则中的链规则形式上很容易理解,由此也可以从这个角度理解基本求导规则中的链规则。

需要注意的是,基本微分规则中的 u 与 v 既可以是函数中的自变量,也可以是函数中的因变量。这一点区别于导数,其重要性表现在链规则的运用上。仍然用上面提到的例子,即已知 $f(x)=(x^2+2x)^2$,求 $f'(x)$ 与 $\mathrm{d}f(x)$。

令 $g(x)=x^2+2x$,有

$$\begin{aligned}f'(x)&=f'(g)\cdot g'(x)\\&=2\cdot(x^2+2x)\cdot(2x+2)\end{aligned}$$

$$= 4x(x+2)(x+1)$$

$$\mathrm{d}f(x) = \frac{\mathrm{d}f(x)}{\mathrm{d}g(x)} \cdot \mathrm{d}g(x)$$

$$= 2 \cdot (x^2+2x) \cdot \mathrm{d}(x^2+2x)$$

$$= 2 \cdot (x^2+2x) \cdot (2x+2) \cdot \mathrm{d}x$$

$$= 4x(x+2)(x+1) \cdot \mathrm{d}x$$

在求微分时出现了 $\mathrm{d}(x^2+2x)$ 这一中间量,这里的 (x^2+2x) 就是上述的 u(或 v)。对比上述两个过程可以发现,求复合函数的微分时可以将其分步为若干个中间量,再逐一对这些中间量求微分,以得出最后的微分结果。求复合函数的导数也可以用这种方法。这与直接用导数的链规则求解本质上是一样的,但写出这些中间量能提供思考空间。

建议读者读到这里时先翻到本章的习题,以熟悉导数和微分的求解。

1.1.3 小量近似

小量近似(图1.5)在微积分中称为无穷小量替换,在天文奥赛中有很广泛的应用。常用的小量近似有如下四个:

$$\sin t \approx t$$

$$\cos t \approx 1 - \frac{t^2}{2}$$

$$\tan t \approx t$$

$$(1+t)^{\alpha} \approx 1 + \alpha \cdot t$$

顾名思义,小量近似的条件是“小量”。当 t 的值接近0时,上面式子才成立。常用一个小的值除以一个大的值来构造出这个小量 t。

实际上,所有函数都可以拟合为若干个幂函数的和,这些幂函数的次数依次递增。举例如下:

图1.5为 $y = \dfrac{\ln(x+1)}{x+1}$ 与 $y = x^2 - \dfrac{3}{2}x + \dfrac{10}{3}$ 的图像。

可以看出,二者在 $x \approx 0$ 时几乎是贴合在一起的。如果在 $y = x - \dfrac{3}{2}x + \dfrac{10}{3}$ 后补上更高阶数的幂函数,则其在离原点较远的地方也能拟合。

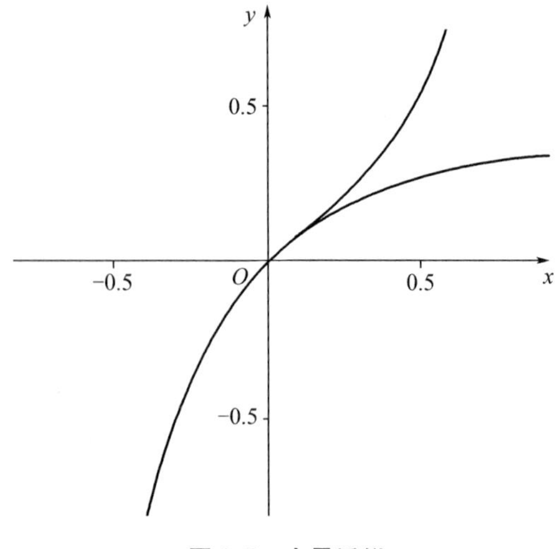

图 1.5　小量近似

当 x 越接近 0 时,拟合效果就越好,拟合需要的阶数就越少,小量近似即只取其中的一阶幂函数或二阶幂函数。

1.2　立　体　角

立体角是平面角在三维空间中的类比,单位为球面度(steradian,sr)。

平面角可以通过弧度制计量,它把角的大小和给定半径的圆的弧长联系在了一起。在球面上,类似地有立体角的概念,它把角的大小和给定半径的球面的面积联系在了一起①。

在二维空间中,用平面角来表示物体的角大小,离观测者近的小物体和离观测者远的大物体可能有着相同的平面角,如图 1.6 所示。

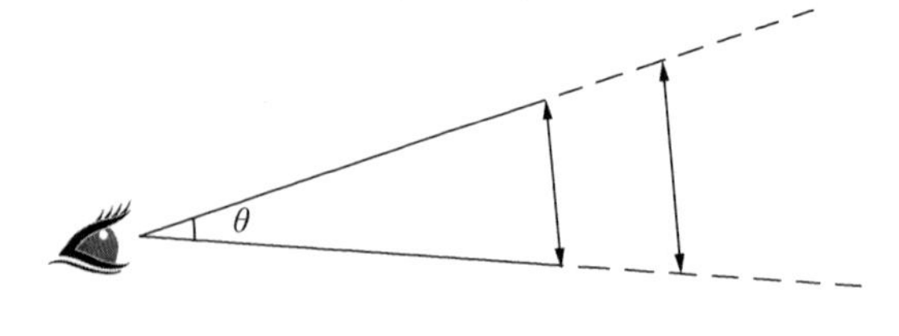

图 1.6　平面角

① 出自《天球坐标系、计时与历法》OriginallyWrittenBySevorteya@ HFAA9.0

平面角弧度制(图 1.7)的定义为

$$\theta(\mathrm{rad}) = \frac{l}{R}$$

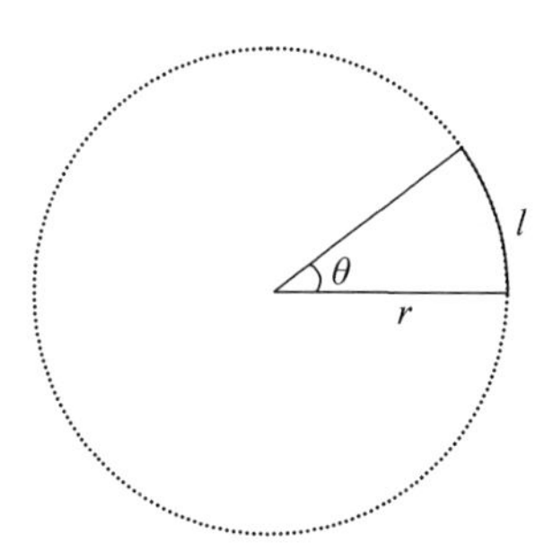

图 1.7 平面角弧度制

在三维空间中,用立体角来表示物体的角大小,离观测者近的小物体和离观测者远的大物体可能有着相同的立体角,如图 1.8 所示。

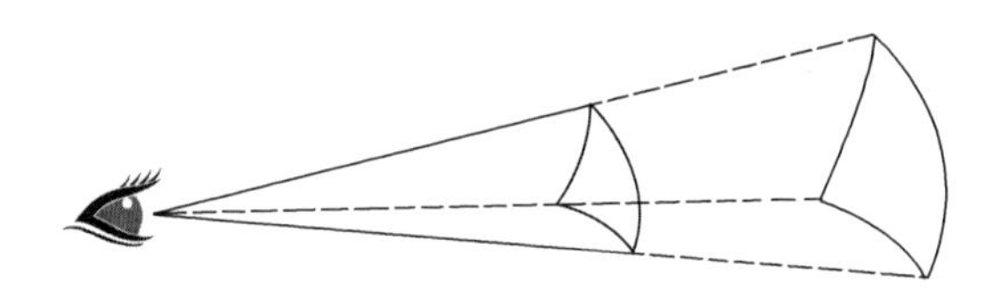

图 1.8 立体角

立体角弧度制(图 1.9)的定义为

$$\Omega(\mathrm{sr}) = \frac{S}{R^2}$$

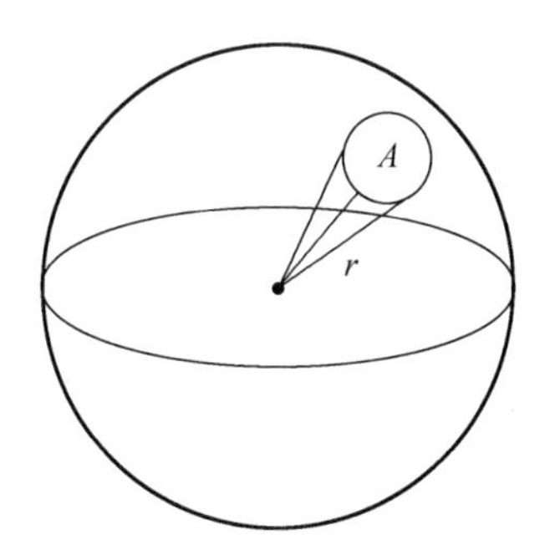

图 1.9 立体角弧度制

式中,S 为立体角对应的球面的面积;R 为球的半径。若代入球面积公式$S=4\pi R^2$,可以得到 $\Omega=4\pi$,即整个球面的立体角为 4π。若转化为角度制,则为 41 252.96平方度(square degree)。注意换算时 $1\ \mathrm{sr}=\left(\frac{180}{\pi}\right)^2$ 平方度。

对于球面上半径为 θ(rad)的圆锥区域,其立体角(图 1.10)满足

$$\Omega = 2\pi(1 - \cos\theta)$$

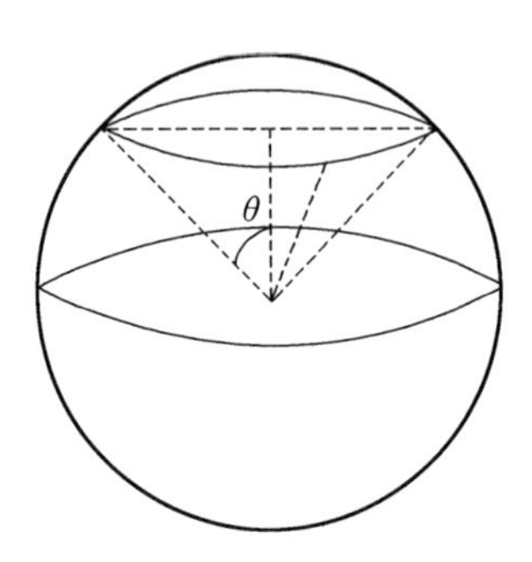

图 1.10 圆锥区域立体角

当 $\theta \ll 1$ 时,根据小量近似有

$$\cos\theta \approx 1 - \frac{1}{2}\theta^2$$

代入圆锥区域立体角公式有

$$\Omega = \pi \cdot \theta^2$$

天文观测中的物体大多立体角很小,所以都可以用这个简化公式直接求立体角。

立体角的应用非常广泛,天文竞赛中立体角主要在电磁辐射一节中考查。恒星等发光体的辐射是向各个方向的,如果要知道射向某一个方向或某一片方向的辐射的大小,就需要用到立体角。普朗克定律中限定了单位立体角,即求出来的辐射是朝向一个特定方向的值。

1.3 向量叉乘

1.3.1 叉乘的运算规则

两个向量$\boldsymbol{a}$和$\boldsymbol{b}$的叉乘仅在三维空间中有定义,写作 $\boldsymbol{a}\times\boldsymbol{b}$。向量叉乘的结果还是一个向量,记 $\boldsymbol{L}=\boldsymbol{a}\times\boldsymbol{b}$,则有如下结论。

(1)叉乘所得向量的模为原向量的模与原向量之间夹角正弦值的乘积,即 $|\boldsymbol{L}|=|\boldsymbol{a}||\boldsymbol{b}|\sin\theta$。

(2)$\boldsymbol{L}$垂直于原两向量构成的平面。若原向量在同一直线上,则 $\boldsymbol{L}$ 为零向量。$\boldsymbol{L}$方向垂直向上还是垂直向下由右手定则确定。

右手定则如图 1.11 所示。

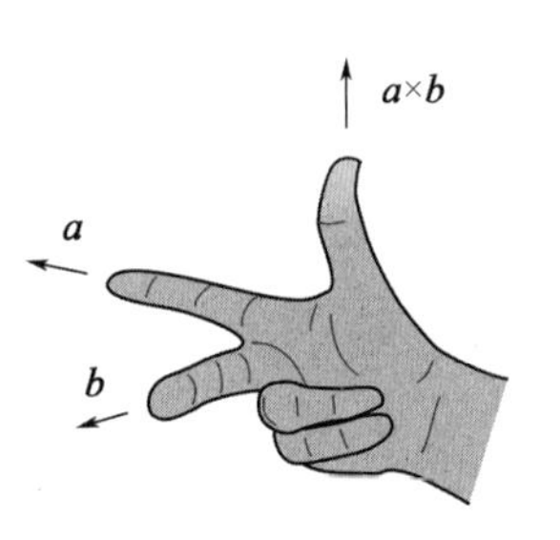

图 1.11 右手定则

另外,也可用高中数学建立坐标系时判断右手系的方法。在一个右手系直角坐标系中,以 $\boldsymbol{a}$ 为 x 轴所指方向,$\boldsymbol{b}$ 为 y 轴所指大概方向("大概"是因为 $\boldsymbol{a}$ 与 $\boldsymbol{b}$ 不一定像 x 轴和 y 轴一样垂直,不垂直时只要指向的是 $\boldsymbol{a}$(x 轴)同一侧就可以),则 $\boldsymbol{a}\times\boldsymbol{b}$ 的方向为 z 轴所指的方向。

1.3.2 叉乘的物理意义

(1)由 $\boldsymbol{L}$ 的模的定义可知,$\boldsymbol{L}$ 的模等于以原向量为邻边的平行四边形的面积。叉乘模的几何意义如图 1.12 所示。

(2)$\boldsymbol{L}$的方向本身没有特别的物理意义,而是要结合右手定则才有具体意

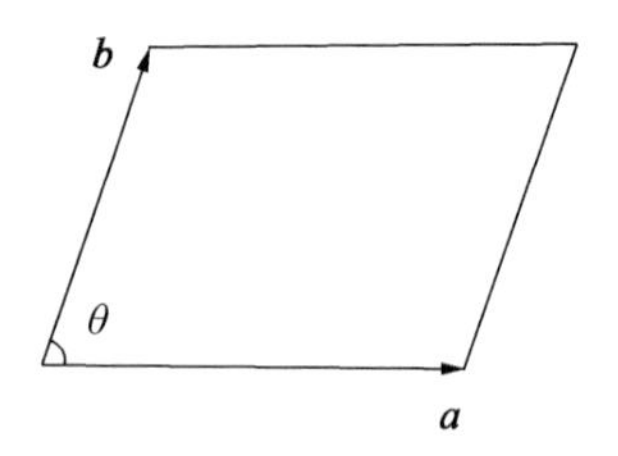

$S=|\boldsymbol{a}||\boldsymbol{b}|\sin\theta$

图 1.12　叉乘模的几何意义

义。或者说,反正无论如何都要规定一个方向作为$\boldsymbol{L}$的方向,科学家索性就按右手定则来规定这个方向,而后再按照右手定则来确定这个方向对应的意义。

例如,在行星-恒星模型中,角动量为 $\boldsymbol{L}=\boldsymbol{r}\times\boldsymbol{v}$,若行星绕恒星逆时针旋转,则依据右手定则可得 $\boldsymbol{L}$ 方向垂直向上。所以可以依据角动量的方向来表示行星是顺时针旋转还是逆时针旋转。以右手定则为基础,则角动量向上表示逆时针,角动量向下表示顺时针。

1.4　习　　题

1. 求出下列函数的导函数。

(1)已知 $y=(x^5+2\sqrt{x}+1)/x^3$,求 y'。

(2)已知 $y=\tan x$,求 y'。

(3)已知 $y=\sin^3 x+\cos^3 x$,求 y'。

(4)已知 $y=x\ln x$,求 y'。

(5)已知 $M_{\mathrm{v}}=-2.81\lg P-1.43$,求$M'_{\mathrm{v}}|_{P=5}$。

2. 求出下列函数的微分。

(1)已知 $y=\dfrac{x}{1-\cos x}$,求 $\mathrm{d}y$。

(2)已知 $y=\sqrt{x+\sqrt{x+\sqrt{x}}}$,求 $\mathrm{d}y$。

(3)已知 $y=\ln[\ln(\ln x)]$,求 $\mathrm{d}y$。

(4)已知 $pV=nRT$,求 $\mathrm{d}p$(其中 n、R 均为常数)。

3. 求出下列定积分的值。

（1）$I = \int_{0}^{\frac{\pi}{2}} \cos x \cdot \mathrm{d}x$ 。

（2）$I = \int_{-\frac{\pi}{2}}^{\frac{\pi}{2}} \sin x \cdot \mathrm{d}x$ 。

（3）$I = \int_{0}^{1} 4x^3 \mathrm{d}x$ 。

（4）$I = \int_{1}^{2} \frac{1}{x} \mathrm{d}x$ 。

4. 求 $y = x^2$、$x = 0$、$x = 1$ 与 x 轴围成的面积。

第2章　地月系与日月食

2.1　月　　球

宇宙是由大量不同的星系构成的,它们之间的关系是地月系→太阳系→银河系(星系)→本星系群(星系群、星系团)→本超星系团(超星系团)→可观测宇宙。

2.1.1　月球的起源

目前,月球的起源假说有捕获说、分裂说、同源说、凝聚理论、星子碰撞理论等。

通常认为,在44.25亿年前的早期太阳系时期,一颗火星大小的天体(名为特亚,Theia)撞击地球,大部分撞击物质被抛入绕地轨道形成一个碎片环,环上碎片相互吸引聚集,最终形成一个大的聚体,该聚体逐渐演化成为如今的月球。通常还认为,本次碰撞是地球形成23.5°的自转轴倾斜的主要原因。但由于特亚作为原始太阳系的一颗原行星,其拥有的同位素特征不一定与地月系相似,而地球和月球的同位素特征非常相近,因此该假说描述的过程可能只是如今地月系格局形成的一部分过程。这表明,任何体系的起源与演化都是多因素作用下的结果,其中的过程很复杂,单一学说很难对某一现象进行单方面支撑。

2.1.2　月球的基本参数

月球的基本参数如下。

半径:1 738 km。

质量:7.349×10^{22} kg。

地月距离:384 400 km。

自转周期:27.32 天。

公转周期:27.32 天(恒星月),29.53 天(朔望月)[①]。

视星等: -12.6^m(满月)。

赤道重力加速度:$1.622\ m\cdot s^{-2}$(地球的 1/6)。

2.1.3　月面图

记下月球正面图中的月海和四个比较重要的环形山的名字与位置。图 2.1所示为月球正面图。

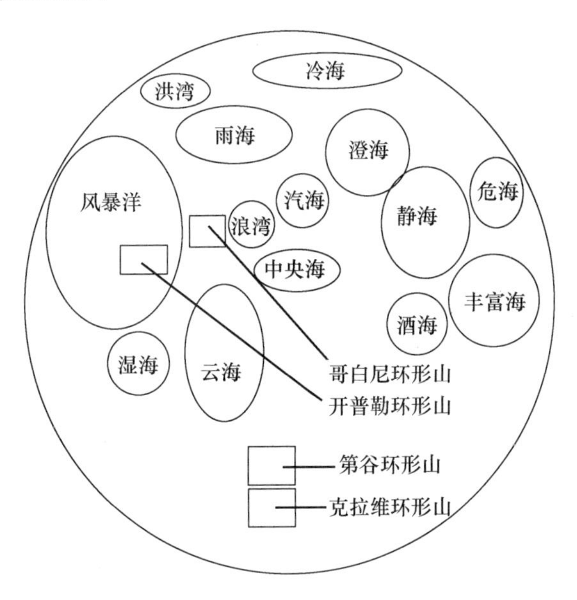

图 2.1　月球正面图

月海是月球月面上比较低洼的平原。月海表面主要覆盖玄武岩,其反照率较低,呈黑色。目前已知的月海有 22 个,其中只有三个位于月球背面,分别是东海、莫斯科海和智海。高出月海呈白色的区域称为月陆,其反照率较高。月球环形山实质上为撞击坑,是由星际物块撞击月球形成的。

---

① 恒星月是月球真正的公转周期,朔望月是恒星月与地球自转周期的会和周期。

2.1.4 月球的同步自转

从月球的基本参数中发现,它的自转周期和公转周期是相等的,同时月球的自转方向与公转方向一致。这样的现象称为潮汐锁定或同步自转或受俘自转,所以在地球上只能看到月球的同一面。

不过,因为月球天平动的存在,月球看来会轻微地“摇头”与“点头”,所以实际在地球上可以观测到一部分通常认为无法观测到的“月背”区域,这使得人们实际能够观测到的月面面积大于月球总表面积的50%。事实上,可以看到的月面区域约为59%。

天平动分为经度天平动、纬度天平动和周日天平动(另有几乎可以忽略的物理天平动)。

经度天平动是月球运行轨迹为椭圆导致的。月球的自转速度几乎不变,而绕地球公转的速度却并非固定,近地点时较快,远地点时较慢。因此月球正面的中心并非一直都正对着地球中心。月球看上去在东西方向上有轻微“摇头”。

纬度天平动是月球自转轴与月球公转轨道并非垂直导致的。月球看上去在南北方向上有轻微“点头”。

周日天平动产生的原因是观测者的位置会随地球自转而改变。观测者生活于地表,而潮汐锁定是指向地心的锁定。所以能隐约看到月球东西两侧边缘的区域。同样,周日天平动产生“摇头”效果,与经度天平动叠加。

2.2 月相变化

图2.2所示为月相变化示意图,详细介绍见表2.1。

表2.1 月相变化

月相	距角	同太阳出没比较	月出	中天	月落	夜晚
新月(朔)	0°	同升同落	清晨	正午	黄昏	彻夜不可见
上弦月	90°	迟升迟落	正午	黄昏	半夜	上半夜西天

续表 2.1

月相	距角	同太阳出没比较	月出	中天	月落	夜晚
满月(望)	180°	一升一落	黄昏	半夜	清晨	通宵可见月
下弦月	270°	早升早落	半夜	清晨	正午	下半夜东天

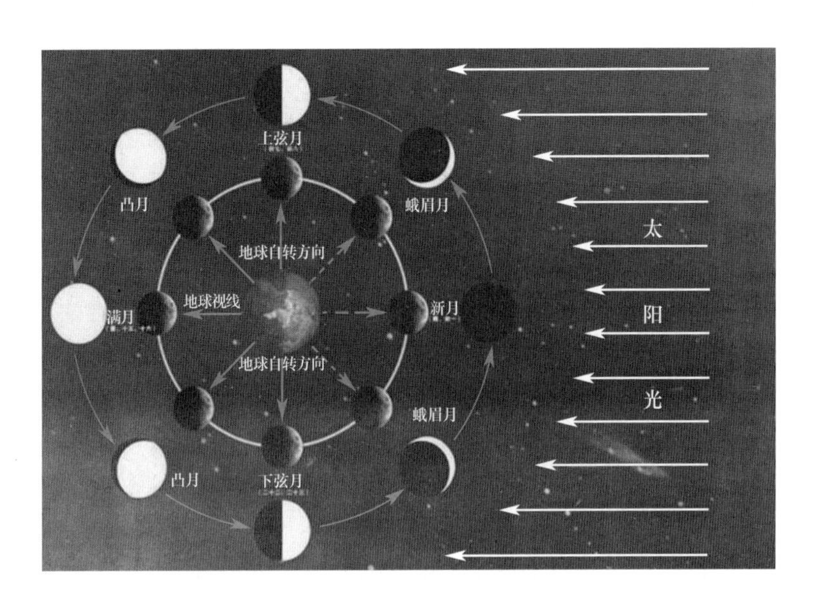

图 2.2　月相变化示意图

月相变化是因地、月、日三者的相对位置变化而导致的。太阳永远照亮月球面向太阳的一面，而被照亮的这一面中面向地球的部分便是能被看到的月亮。

月龄是一个与月相变化有关的概念，月龄以朔望月近似周期 29.5 为周期，其数值基本符合农历月份的日期数。如望时月龄为 15，下弦月时月龄为 22.5。

2.3　月　　食

2.3.1　形成原理

地球在背着太阳的方向会出现阴影，称为地影，其示意图如图 2.3 所示。

地影分为本影和半影两部分。本影是指根本没有受到太阳光直射的地方，而半影则指受到部分太阳直射的地方。月球在环绕地球运动时有时会进入地影，这就产生月食现象。

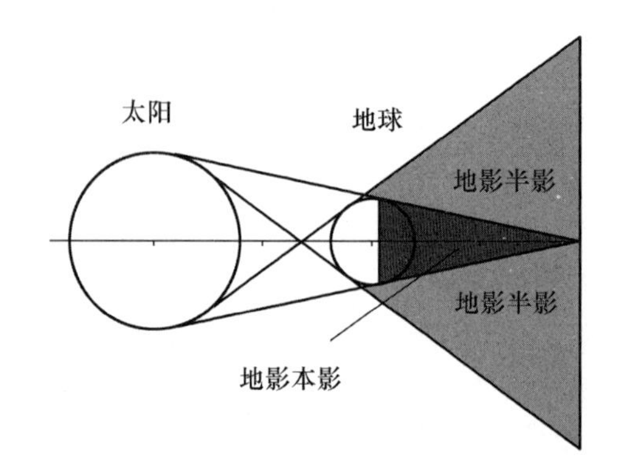

图 2.3　地影示意图

很明显，月食只在满月时发生。

根据月球进入的是本影还是半影可将月食分为本影月食与半影月食两类。其中月球全部位于地球本影的称为月全食；月球部分位于本影、部分位于半影的称为月偏食；月球全部位于半影或部分位于半影、部分不位于地影的称为半影月食。

位于地球半影的部分因为只是一部分光线被遮挡了，仍然能被看到，但其亮度会相对较小。只有位于地球本影的部分才会因为没有光线到达而看不到。

2.3.2　月食过程

月食过程（图 2.4）可分为以下五个阶段（其他月食会缺少其中若干个阶段）。

①初亏。月轮东缘与地影本影截面西缘相外切。

②食既。月轮西缘与地影本影截面西缘相内切。

③食甚。月轮中心与地影本影截面中心最接近或重合。

④生光。月轮东缘与地影本影截面的东缘相内切，月全食结束。

⑤复圆。月轮西缘与地影本影东缘相外切，月食结束。

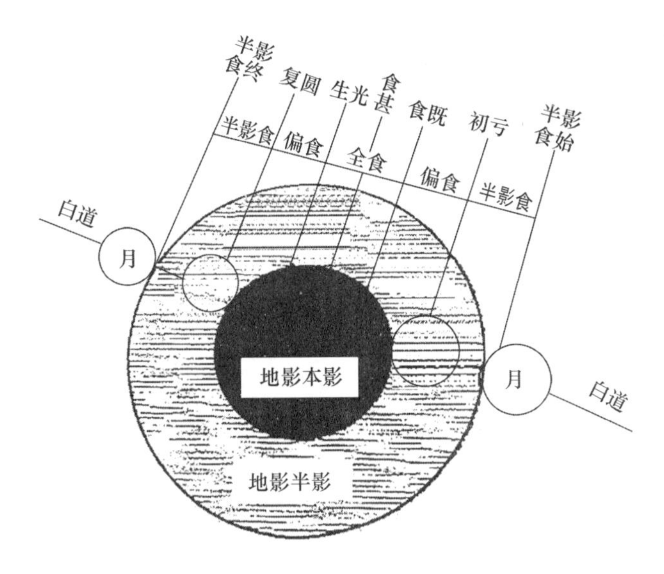

图2.4 月食过程

图2.5所示为月食“葫芦串”。

图2.5 月食“葫芦串”

食甚时月面会呈现诡异的红色。此时太阳光无法直接照射到月面上，只有经地球大气折射后的一部分光能照射到月面。而其他颜色的光折射率较大，折射后也无法照射到月面。最后只有红光（红光折射率小）能刚好折射到月球上，导致月面呈现红色。

另外,地球上不同地方看到月食的时间是相同的。月食的发生以月球进入地影开始,这个时间与地球上的时区没有关系。

2.4 日　食

2.4.1 形成原理

当月球运动到太阳和地球中间时,如果三者正好处在一条直线上,太阳射向地球的光就会被月球挡住,这时发生日食现象。

很明显,日食只在新月时发生。

日食可分为以下三类。

(1)日全食。

日全食只在月球位于近地点和地球位于远日点且日月合朔时发生,此时月球的本影锥长度较月地之间距离长,本影锥能扫到地球表面。日全食通常只能在地球上一块非常小的区域发生,也只有在日全食发生时才可能用肉眼观测到模糊的日冕(日冕层)。图2.6所示为月影示意图。

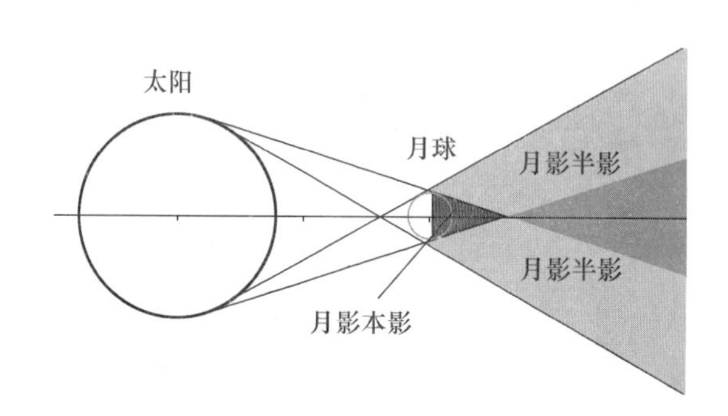

图2.6　月影示意图

(2)日偏食。

造成日偏食的原因是观测者落在月球的半影区中。日偏食通常伴随着其他食相发生,如日全食与日环食,但是其他食相发生的地点为地球上的其他位置。日偏食带会裹在日全食带或日环食带外围。

(3)日环食。

当月球处于远地点时,月球的本影锥不能到达地球,到达地球的是由本影锥延长出的伪本影锥(图中深灰色部分)。

伪本影区别于本影(完全没有光线经过)与半影(只有部分光线经过),伪本影不同部分接收到的光线不一样,但有一个共同点,即伪本影不能接收到太阳面中心的光线,只能接收到太阳面外侧的圆环状区域的太阳光。而这片圆环区域的大小则取决于与太阳的距离(或本影与伪本影交点的距离)。图2.7所示为日环食成因。

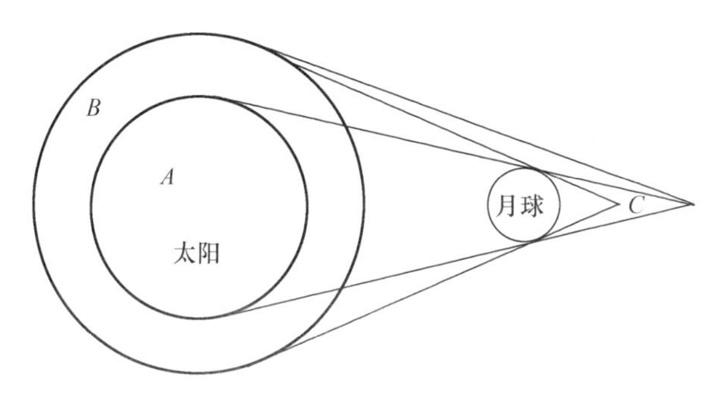

图2.7　日环食成因

在图2.7中,把太阳分成两部分:一个比太阳直径稍小一点的圆 A 与剩余部分圆环 B,则圆 A 的本影相比整个太阳的会向右延伸一段距离,到达原来的伪本影区域。也就是说,在这段延伸的距离上,圆 A 部分的光线无法到达,而圆环 B 部分的光线可以到达。所以在这片区域中观察到的太阳呈现圆环,即出现日环食。

2.4.2　贝利珠

日食发生时可以见到明亮的光斑。其实,月球表面并不光滑,而是崎岖不平的,当月面和日面快要靠到一起的瞬间,阳光从月球的凹处透过,形成短暂的明亮光斑。这个现象最早由英国天文学家弗朗西斯·贝利发现,所以称为“贝利珠”,如图2.8所示。

由贝利珠可以判断出月面与日面的相对运动方向。贝利珠只在发生日全食时出现。此时月面大小大于日面(相等的可能性极小),所以只有在相对运

图 2.8　贝利珠

动的方向上，才会发生月面边缘与日面边缘重合的现象，才会因为月面边缘崎岖而出现贝利珠。

贝利珠出现过程如图 2.9 所示，大圆为月面，小圆为日面（比例略有夸大），只有在图中的方框内才可能出现贝利珠。

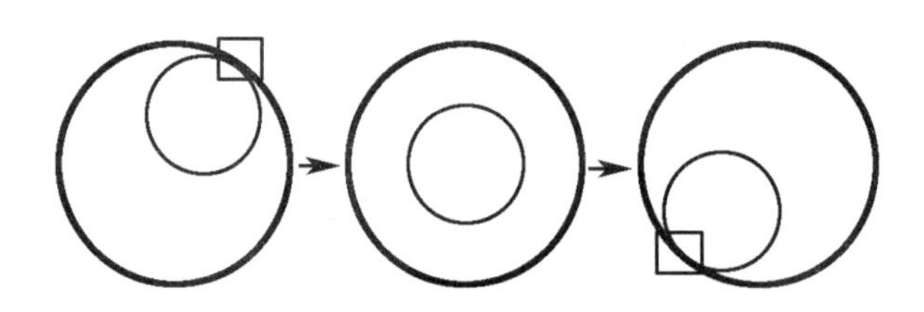

图 2.9　贝利珠出现过程

因此，贝利珠与日面中心连接起来形成的直线便是月面与日面的相对运动方向所在的直线。

2.4.3　日食过程

与月食过程类似，日食过程（图 2.10）可分为如下五个阶段。

①初亏。月轮东缘与日轮西缘相切，日食开始。

②食既。月轮东缘与日轮东缘相切，日全食开始。

③食甚。月轮中心与日轮中心最接近或重合。

④生光。月轮西缘与日轮西缘相切，日全食结束。

⑤复圆。月轮西缘与日轮东缘相切，日食结束。

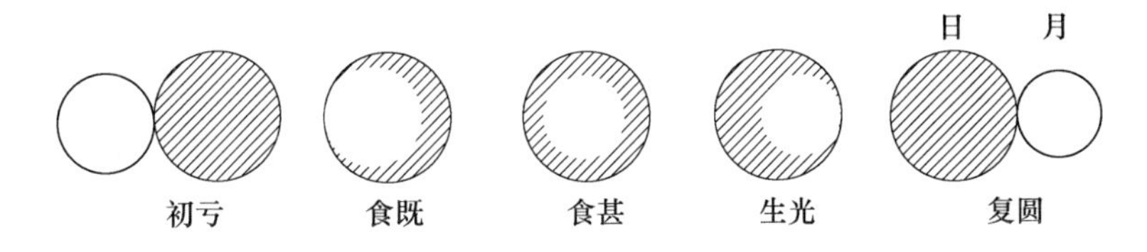

图2.10　日食过程

日月食的发生是对地表上的观测者而言的，此时采用的是地平坐标系，太阳与月球的运动由两种运动合成——其自身相对星空背景的运动和周日视运动。因为二者的周日视运动是一致的，可以相互抵消，所以分析月球与太阳在天球上的相对运动时，只要分析其各自相对星空背景的运动即可。太阳相对星空背景的运动即其在黄道上的运动，月球相对星空背景的运动即其在白道上的运动。

太阳在黄道上自西向东运行（每天运行59′）；月球也在白道上自西向东运行（每天运行13°10′）。它们运行的方向基本一致（黄白交角5°09′），但月球运行的速度快得多，因此天球上月轮相对日轮一直自西向东运行，日食总是以月轮的东缘遮掩日轮的西缘开始，被遮部分总是逐渐向东推移。所以，日全食的五个环节是在日轮上自西向东出现的。

同时，月球的本影锥（日全食）或伪本影锥（日环食）自西向东扫过地球，其速度比地球自转的速度要快。因此对大多数中心食来说，食带的走向是自西向东的，也就是说西边的观测者比东边的观测者先看到日食。

2.5　沙罗周期

沙罗周期是一个天文术语。沙罗周期是指长度为6 585.32天的一段时间间隔，每经过这段时间，地球、太阳和月球的相对位置又会与原先基本相同，因而前一周期内的日月食又会重新陆续出现。每个沙罗周期内约有43次日食和28次月食(18年11.32天)。

需要注意的是，每个周期后经度会偏移120°（因为有0.3天的差），纬度也稍有变化。沙罗序列永远以发生在地球极区的日偏食开始，然后经由一系列的日全食和日环食逐渐越过整个地球，并以日偏食在相对的另一个极区结束。

沙罗周期是交点年与恒星年的会合周期。

交点年也称食年，是指太阳两次经过黄白交点中的升交点的时间间隔，约为346.62天。交点年与恒星年的偏差是由月球轨道的进动产生的。

2.6 进动与章动

2.6.1 进动

进动是自转物体的自转轴绕着另一轴旋转的现象，又称旋进。

常见的例子为陀螺。当其自转轴的轴线不再呈铅直时，即自转轴与对称轴不重合不平行时，自转轴会沿着铅直线做旋转，此即旋进现象。这种变化在物理学中称为进动，而在天文学中称为岁差，地球岁差的大致周期为25 868年，在这个时间里，地极绕黄极缓慢旋转。

行星在轨道上绕行太阳的公转运动也是一种旋转的运动现象。行星和太阳结合的系统也是在旋转的，所以行星轨道平面的转轴会随着时间产生进动。

每颗行星椭圆轨道的长轴在轨道平面内也会发生进动，以回应其他行星的引力改变所施加的摄动，这称为近日点进动或拱点进动。观察到的水星近日点进动与经典力学理论预测的数值不能吻合，每百年差了43″，证明了爱因斯坦相对论的正确，消除了观测与理论上的歧义。

2.6.2 章动

章动是指在行星的自转运动中，自转轴在进动（绕黄极旋转）的同时还会有不规则的摇晃现象。

行星的章动来自于潮汐力所引起的进动。章动使得岁差的周期不是常数，而会随着时间改变。

在地球上，潮汐力主要来自太阳和月球，二者持续改变彼此间的相对位置,造成地球自转轴的章动。地球章动最大分量的周期是18.6年,与月球轨道交点的进动周期相同。图2.11所示为地球自转轴的进动与章动(P表示进动方向,N表示章动方向)。

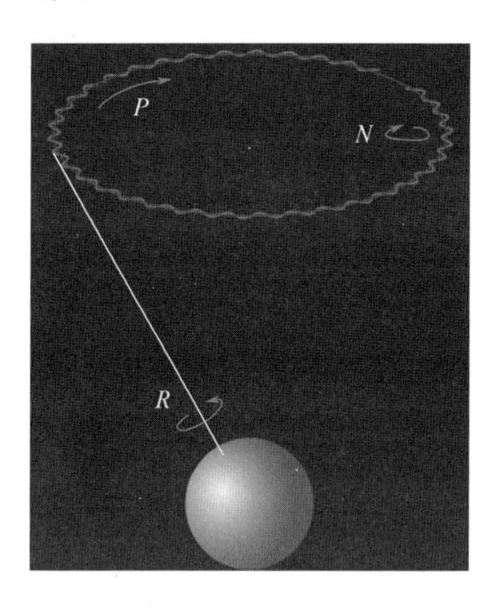

图2.11　地球自转轴的进动与章动

2.7　习　　题

1.(2009年全国决赛低、高年组第17题)【日月食】。分别定性说明以下各情况对地面所观测到的日月食的发生频率的影响:(1)地球自转轴方向的变化;(2)月球自转轴方向的变化;(3)月球公转平面相对于地球自转平面的变化;(4)地月距离增加一倍;(5)日地距离减少一半。

2.2012年11月13日世界时22:12:55发生了一次日全食。地球上全食持续时间最长的是南纬40°、西经161.3°地区。试简单推算经过一个沙罗周期后再次发生的日全食情况。此份情况报告包括全食持续时间最长地区的经度及世界时时刻。

第3章 潮 汐

3.1 惯 性 力

3.1.1 非惯性参考系

在桌面上放置一张纸和一个小钢球,小钢球静止在纸面上。如果突然迅速拉动纸的一边,虽然小钢球相对桌面的位置几乎不变,但是如果只关注纸面及其上的小钢球,会发现小钢球相对于纸面向相反的方向运动。

当纸相对于桌面加速运动时,如果以这张纸为参考系来观察,小钢球相对于纸面的运动状态在改变。按照牛顿第一定律,小钢球的运动状态发生改变,说明小钢球在水平方向上应该受到力的作用。但实际上,小钢球只受到竖直方向的重力和支持力,水平方向几乎不受力,这与牛顿第一定律相矛盾。

若以地面为参考系,上述矛盾则不会存在。因为,在纸加速运动的过程中,尽管小钢球相对于纸面的运动状态在改变,但它相对于地面的位置并没有变化,仍然保持静止状态。这与牛顿第一定律分析得到的结论是一致的。对于同一个物体的状态,为何会得到两种不同的分析结果呢?

这是由于观察物体的运动时所选择的参考系不同。牛顿第一定律是否成立与选择什么参考系有关。如果在一个参考系中,一个不受力的物体会保持匀速直线运动状态或静止状态,这样的参考系称为惯性参考系,简称惯性系。以加速运动的纸为参考系,牛顿第一定律并不成立,这样的参考系称为非惯性系①。

课本中有惯性参考系的定义:如果在一个参考系中,物体的运动状态遵循

① 出自人教版旧教材《物理必修一》P86 拓展学习

牛顿运动定律,则该参考系为惯性参考系,简称惯性系。

相对的有非惯性参考系的定义:如果在一个参考系中,物体的运动状态不遵循牛顿运动定律,则该参考系为非惯性参考系,简称非惯性系。

惯性系和非惯性系是绝对的而非相对的。一个参考系是惯性系还是非惯性系是其本质特征,与分析时的情景无关。

那为何同一个参考系有时把它当成惯性系,有时又把它当成非惯性系呢?例如,在分析地面上车的运动时,把地面当成惯性系,而在分析地球上河流的运动(即分析地球自转偏向力)时,把地面当成非惯性系。

这是因为,在某些分析情境下,非惯性系中的惯性力对于分析对象的影响十分微小,可以忽略。这时把它当作惯性系来分析,但它实际上为非惯性系。例如,时速 72 km/s 的水平行驶在赤道上的汽车所受地球自转偏向力加速度为 $0.003\ m/s^2$,可以忽略。

不过,在判断一个参考系是否可以被当成惯性系时,只需要看这个参考系有没有加速度。在课本的例子中,纸板相对地面有加速度,所以纸板参考系为非惯性系。

当然,读者可能会想:加速度是相对的,地面相对纸板有加速度,地面是非惯性系。这个方法逻辑确实不严谨,但它在绝大多数情况下都可以得到正确结果。分析物理情景时,第一眼入手的参考系一般就是惯性系(或者是可以忽略惯性力的非惯性系),与这个情景有相对加速度的,就是非惯性系。

不必深究这个知识,因为非惯性系的存在是牛顿运动定律的一个缺陷。在爱因斯坦的相对论中,这个问题被很好地解决。深究到底什么是惯性系、什么是非惯性系,意义不大。

3.1.2　惯性力举例

非惯性系中的物体不遵循牛顿运动定律,但它们的运动状态已知,可以根据运动状态来反推物体的假想受力情况。先用上面的例子来说明。

在拉小钢球下纸板的模型中,假设小钢球光滑,以恒力 F 拉纸板。纸板相对桌子有 $a = F/M$ 的加速度(M 为纸板质量),小钢球相对桌子静止,如图 3.1 所示。

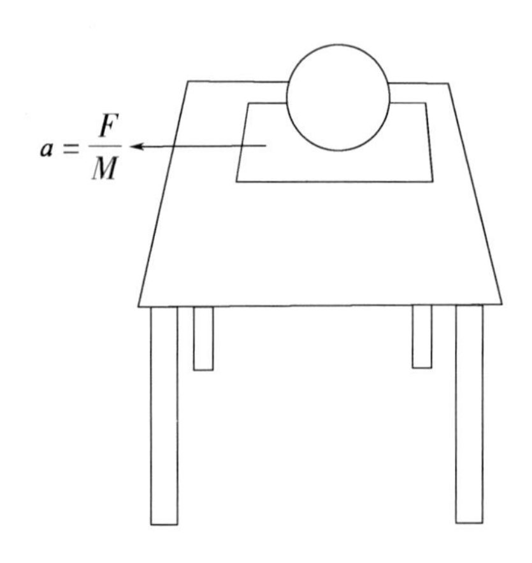

图 3.1　小钢球纸板模型一

若以纸板为参考系(非惯性系),小钢球相对纸板向后移动,加速度同样为 a。但此时小钢球实际只受重力和支持力。若要使小钢球的运动状态和受力情况相符,应该给小钢球加上一个理想的力,这个力称为惯性力,大小为 $F = ma$,如图 3.2 所示(m 为小钢球质量)。

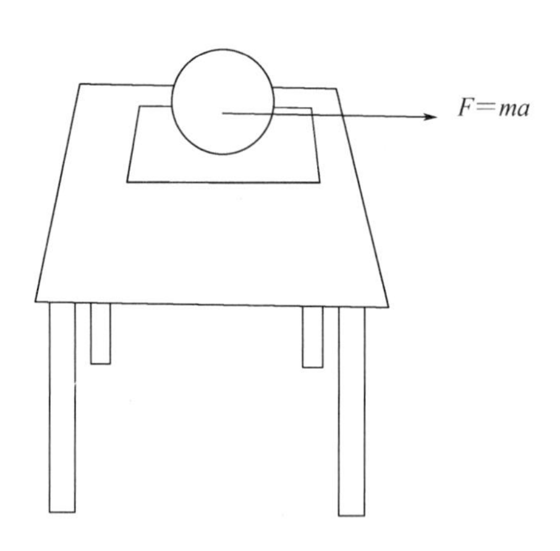

图 3.2　小钢球纸板模型二

结论是,要使非惯性系中物体的运动状态与受力情况相符,需要给非惯性系中的物体加上一个惯性力。惯性力的方向与非惯性系原点相对惯性系原点的加速度方向相反,惯性力产生的加速度与原来惯性系中后来非惯性系的加

速度相等。数学表达式为

$$\boldsymbol{F} = -m\boldsymbol{a} \tag{3.1}$$

注意:惯性力是实际上不存在的力,它没有施力物体,只是一个假想的用来使非惯性系中物体的运动状态符合牛顿运动定律的力。

3.2 引潮加速度

3.2.1 潮汐现象

潮汐现象是由月球和太阳对地球不同位置的引力不均匀造成的,其表现为沿海地区海水的涨落。当月球、太阳和地球在同一直线(农历初一和十五附近)时,日、月造成的引潮力同向,起叠加作用,此时潮差最大;而在农历初八和廿三附近时,日、月造成的引潮力相垂直,此时潮差最小。图 3.3、图 3.4 所示分别为海门初二潮汐图和海门初八潮汐图。(海门是钱塘江大潮所在地)

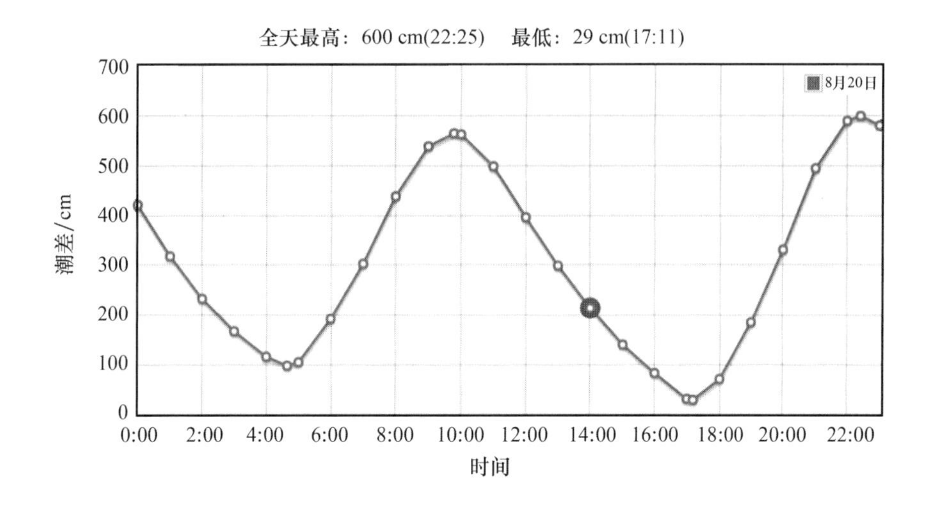

图 3.3　海门初二潮汐图

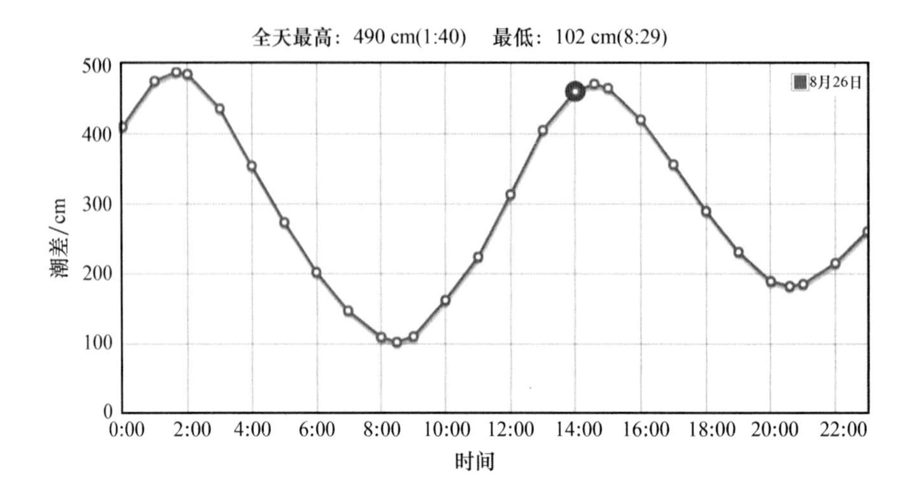

图 3.4　海门初八潮汐图

3.2.2　潮汐现象的实质

请读者思考以下三个问题。

(1)潮汐现象中升起落下的潮水从哪来,到哪去?

(2)月球对地球的引潮力与地球引力加速度的大小有什么关系?

(3)为什么太空中的水滴呈现完美球形?

这三个问题看似毫无关联,但都与潮汐现象的实质有关。

先看第三个问题,太空中的水滴不受重力(或者说重力全部用作向心力),水滴表面的水仅受到水滴自身的引力。为使水滴的形状稳定,水滴表面的水分子的引力势能必须相等,根据引力势能公式

$$E_{\mathrm{P}} = -\frac{GMm}{r}$$

水滴表面分子到水滴中心的距离相等,因此水滴才呈现完美球形。水滴呈球状的表面具有相等的引力势能,水滴的引力等势面为球形。

第二个问题,根据引潮加速度公式(后面会给出)可求出月球对地球的引潮加速度为

$$a = 1.1 \times 10^{-6}\ \mathrm{m/s^2}$$

这个值远小于地球表面的重力加速度,那么潮水是怎么被提起又被放下的呢?太空中的地球与水滴类似,如果地球不受外力,地球的引力等势面也会是球形,地表的物体基本附着在一个球壳上(不过实际上地球的山河湖海使地球表面凹凸不平)。图3.5所示为球形等势面示意图。

而事实上地球旁边还有月球与太阳,月球与太阳的引力会拉扯地球的引力等势面,使其呈现椭球形。图3.6所示为椭球形等势面示意图。

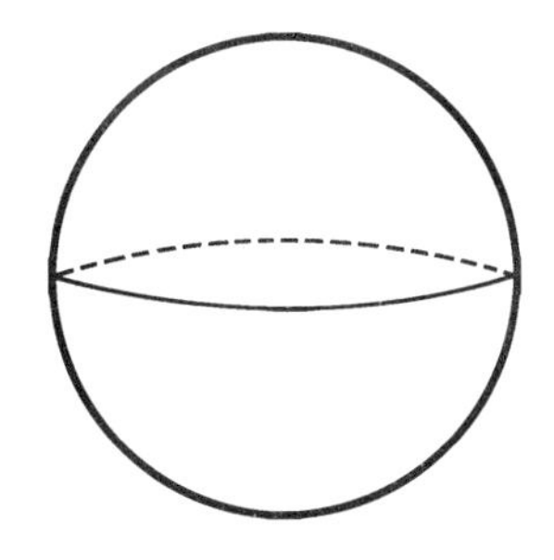

图3.5 球形等势面示意图

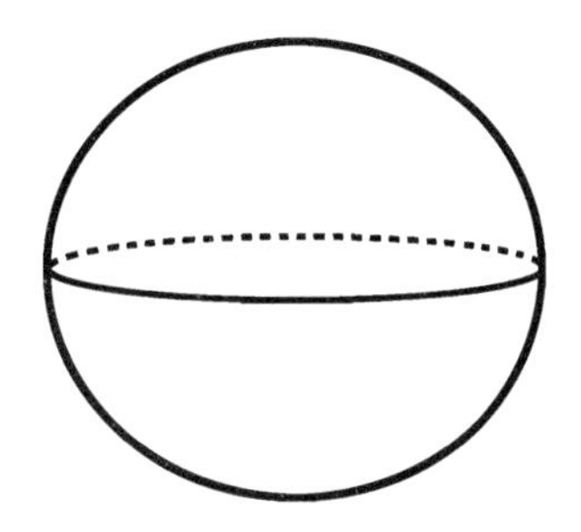

图3.6 椭球形等势面示意图

引潮加速度虽然远小于重力加速度,但是其作用原理并不是与重力抗衡使海水脱离重力控制,而是使地球表面各处的"重力"不均匀(这里的"重力"指地表物体受到的地球引力与月球引力的合力),即改变了地球的引力等势面,使地表的物质倾向于按椭球形分布。

事实上,潮汐现象中海门的最大潮差也仅是按米来度量,远小于地球半径6 371 km,这与引潮力加速度远小于重力加速度是相符的。

同时也解释了第一个问题的答案。海门涨潮时,位于椭球体上的凸出部分,上涨的海水从椭球体上的扁平部分来;海门落潮时,位于椭球体上的扁平部分,下降的海水流到椭球体上的凸出部分。

3.2.3 引潮加速度

潮汐现象是地理学中的概念,对于备战天文奥赛,更重要的是学习引起潮汐现象的直接原因——引潮加速度。平常也说引潮力导致了潮汐现象,但由于讨论加速度相比讨论力可以省去质量 m 这一物理量,下面从加速度入手分析潮汐现象。

引潮加速度公式为

$$a_{引潮} = \frac{2GMR}{d^3} \tag{3.2}$$

式中，M 为施引潮力物体的质量；R 为受引潮力物体的半径；d 为两个物体质心的距离。

下面以地月系为例用三个方法证明引潮加速度公式。

(1)考虑一个地月质心参考系。

引潮加速度要能直接表示潮汐现象中同一时刻潮水最高处与潮水最低处的差别，也就是上述提到的椭圆凸出部分与椭圆扁平部分的区别，也就是图中 E 点和与 EA 垂直的平面的区别，等价于 E 点和 A 点受月球引力的差别。图3.7所示为方法一示意图。

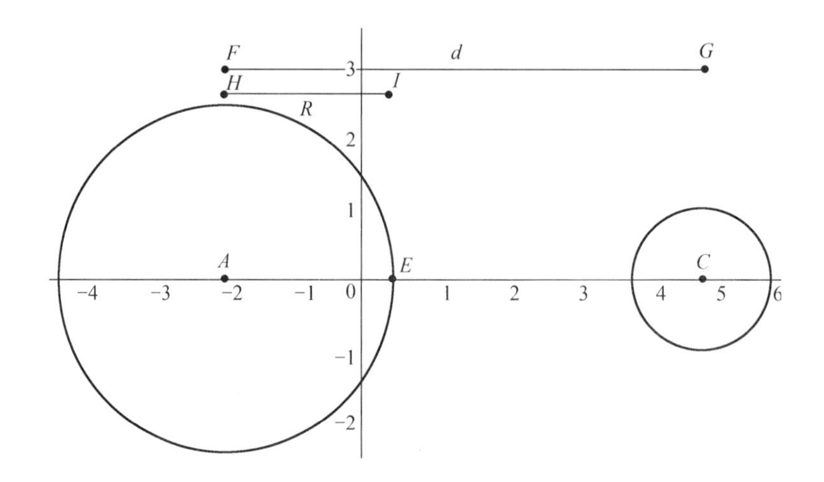

图 3.7　方法一示意图

所以有

$$\begin{aligned} a_{引潮} &= a_E - a_A \\ &= \frac{GM}{(d-R)^2} - \frac{GM}{d^2} \\ &= \frac{GM}{d^2}\left[\frac{d^2}{(d-R)^2} - 1\right] \end{aligned}$$

$$= \frac{GM}{d^2}\left[\frac{1}{\left(1 - \frac{R}{d}\right)^2} - 1\right]$$

$$\approx \frac{GM}{d^2}\left(1 + 2\frac{R}{d} - 1\right)$$

$$= \frac{2GMR}{d^3}$$

式中,第 4 行到第 5 行用到了小量近似。

这是计算地表上近月点相对地心的引潮加速度,这个值为正值,说明近月点相对地心有更大的加速度。因为加速度方向指向月心,所以近月点上的物体会向外凸,即表现为椭球形等势面的凸出部分。

(2)考虑一个地心参考系。

把地心作为参考体,这样这个参考系中的物体都做相对静止的地心运动,只需要分析地表的受力情况就能知道引潮加速度。图 3.8 所示为方法二示意图。

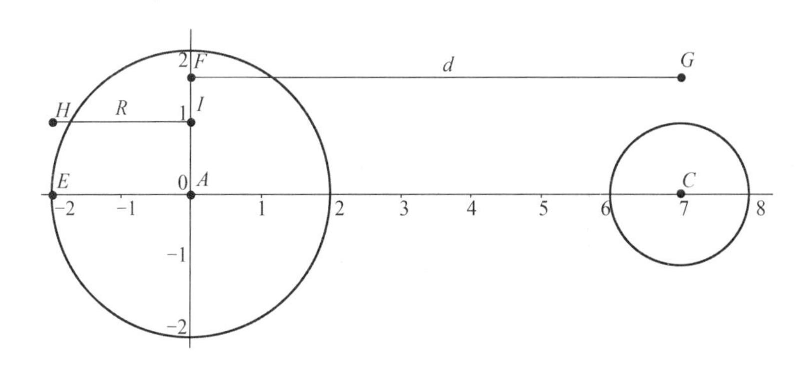

图 3.8 方法二示意图

此时由地月质心参考系(惯性系)切换到地心参考系(非惯性系),需要给地心参考系中的所有物体加上惯性力,力的方向背离地月连线,力产生的加速度为地月质心参考系中地心的向心加速度,称这种转动模型中的惯性力为离心力。

对 E 点受力分析,E 点受到向左的离心力、向右的月球引力和向右的地球

引力。由前面可知,引潮力并不是要和重力抗衡,所以这里不考虑地球引力,做离心力与月球引力的差,可得

$$
\begin{aligned}
a_{引潮} &= a_{离心} - a_{月引} \\
&= a_{向心} - a_{月引} \\
&= \frac{GM}{d^2} - \frac{GM}{(d+R)^2} \\
&= \frac{GM}{d^2}\left[1 - \frac{d^2}{(d+R)^2}\right] \\
&= \frac{GM}{d^2}\left[1 - \frac{1}{\left(1+\frac{R}{d}\right)^2}\right] \\
&\approx \frac{GM}{d^2}\left[1 - \left(1 - 2\frac{R}{d}\right)\right] \\
&= \frac{2GMR}{d^3}
\end{aligned}
$$

注意:平常可能会听到“离心力等于向心力”的说法,这句话在大多数情况下是正确的,思路如下。

离心力为惯性力→惯性力等于质量×参考系加速度→参考系加速度即向心加速度→离心力等于质量×向心加速度→离心力等于向心力。

但有一点有时会被忽略:这里的向心加速度指参考系的向心加速度,而非当前分析对象的向心加速度。在上面的计算中,切换到了地心参考系,分析的是地表上的 P 点,但式子中的离心加速度并不等于该点的向心加速度,而是等于地心的向心加速度。这时上面那句结论很明显是错误的。

(3)前两种做法化简公式时都用到了小量近似这一数学知识,小量近似的数学形式为

$$(1+x)^{\alpha} \approx 1 + \alpha \cdot x (x \ll 1)$$

在小量近似的计算中,令

$$\frac{R}{d} = x \ll 1$$

也就是说,R 相对 d 是一个十分微小的量,即(为避免混淆,这里将地月距离用 D 表示)

$$R \approx dD$$

求 D 处引力加速度与 $D + D_b$ 处引力加速度的值,即引力加速度在 D 微小改变时的差值,有

$$a_{\text{引潮}} = \mathrm{d}a_{\text{引力}} = a'_{\text{引力}} \cdot dD$$

即引潮加速度等于引力加速度的导数与受引潮天体半径的乘积:

$$a_{\text{引潮}} = \left(\frac{GM}{D^2}\right)' \cdot R = \frac{-2GM}{D^3} \cdot R = \frac{-2GMR}{D^3}$$

结果为负是因为引力加速度随距离的增大而减小,其导数值为负值,表示的是地心与地表上近月点(或地表上远月点与地心)的引力加速度的差值。

以上便是求解引潮加速度公式的三种方法,其中第一种是运用高中物理知识也能理解的;第二种运用到了超纲的惯性力,但因为以地心为参考系,所以更加直观与直接,同时更加贴合“离心力为惯性力”这一属性;第三种是最为巧妙与快捷的,但解题时不能直接运用。

3.3 洛希极限

地球受到的引潮力较小,引潮力的作用仅仅是稍微改变地球的引力等势面。而在其他天文情景中,引潮力可能足够大,能够明显地改变受引潮天体的形状甚至使其破裂。

洛希极限表示小天体受大天体造成的引潮力而刚好被撕裂的距离。以土星及其卫星为例,当卫星与土星的距离较小时,卫星表面的物体达到一个刚好能够脱离卫星的状态,最终卫星破碎为小尘埃,成为土星光环的一部分。

下面推导刚性球体的洛希极限(刚体是指在运动中和受力作用后,形状和大小不变,而且内部各点的相对位置不变的物体)。

考虑一个卫星质心参考系如图3.9所示。

对卫星表面 E 点刚好脱离卫星状态,此时 E 点受力平衡,有

$$a_{m\text{引}} + a_{\text{离心}} = a_{M\text{引}}$$

$$a_{m\text{引}} = a_{M\text{引}} - a_{\text{离心}} = a_{\text{引潮}}$$

即卫星受引潮加速度等于卫星对其表面物体的引力加速度时,卫星会被撕裂。

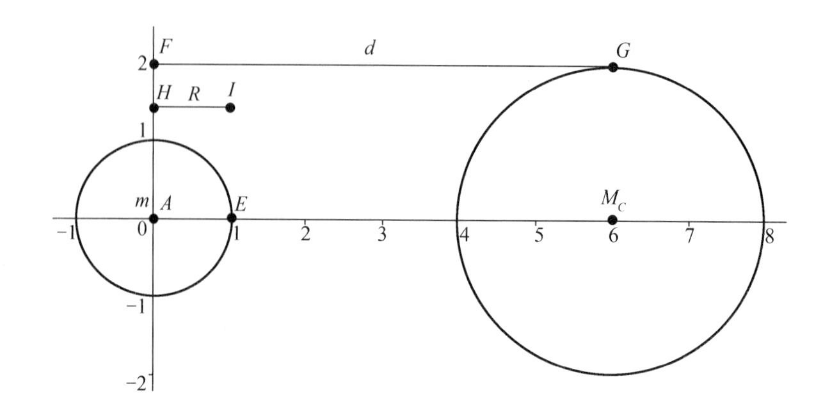

图 3.9　卫星质心参考系

因为

$$\frac{Gm}{R_m^2} = \frac{2GMR_m}{d^3}$$

有

$$\begin{aligned} d^3 &= \frac{2MR_m^3}{m} \\ &= \frac{2\times\frac{4}{3}\pi R_M^3\rho_M R_m^3}{\frac{4}{3}\pi R_m^3\rho_m} \\ &= 2R_M^3\frac{\rho_M}{\rho_m} \end{aligned}$$

所以

$$d = \sqrt[3]{2}R_M\left(\frac{\rho_M}{\rho_m}\right)^{\frac{1}{3}} \approx 1.26R_M\left(\frac{\rho_M}{\rho_m}\right)^{\frac{1}{3}} \tag{3.3}$$

式中,d 为洛希极限;R_M 为主星半径;ρ_M 为主星密度;ρ_m 为卫星密度。事实上,考虑到被撕裂天体的物质内部的作用力,其被撕裂的距离会更近一些。

流体(表面富含液体的卫星,其形状会在接近主星时发生改变)的洛希极限推导过程相当麻烦,不做了解,仅记住公式:

$$d \approx 2.44R_M\left(\frac{\rho_M}{\rho_m}\right)^{\frac{1}{3}} \tag{3.4}$$

3.4 潮汐锁定

3.4.1 潮汐锁定现象

由之前的学习可知,月球永远以同一面对向地球。这种某个天体永远以同一面对着另一个天体的现象称为潮汐锁定,有时又称同步自转或受俘自转。很显然,要使月球一直以正面对向地球,需要满足的条件是月球的自转周期等于其公转周期,这也是潮汐锁定又称同步自转的原因。

3.4.2 潮汐锁定的成因

下列图示均为俯视图,自转、公转均为逆时针。

(1)假设 A 从某个时刻才开始自转和公转,这个时刻 A 因受 B 引潮力而有潮汐隆起,如图 3.10 所示。

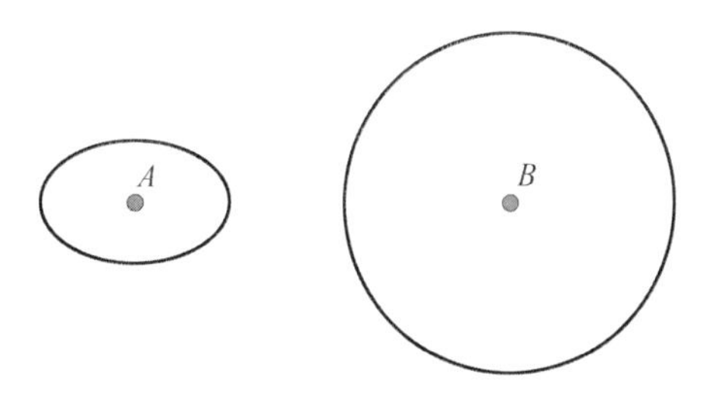

图 3.10 潮汐隆起

(2)现在 A 开始自转和公转,如果自转速度小于公转速度,则出现如图 3.11所示的隆起偏移情况(注意:潮汐隆起的位置不会因为公转而马上改变,对于月球这种具有固态表面的物体更是如此)。

此时 B 对 A 近处的潮汐隆起与远处的潮汐隆起的引力方向不在同一直线上,会产生力矩,图 3.12 所示为潮汐力矩。

力矩作用的结果是使 A 自转速度加快,直到 A 自转速度与公转速度相等时,力矩消失,自转速度与公转速度从此维持基本不变。此即同步自转。

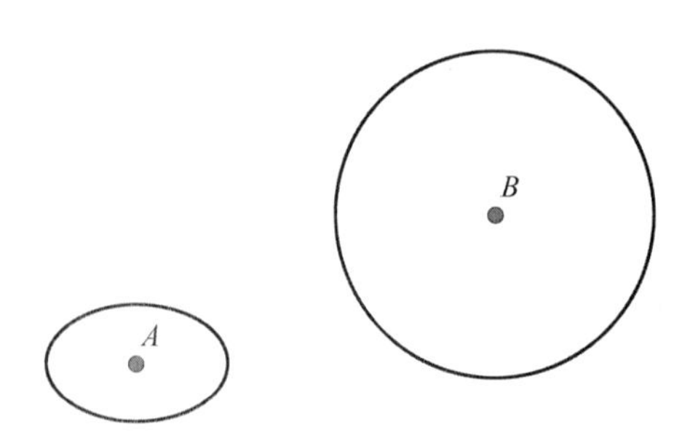

图 3.11　隆起偏移

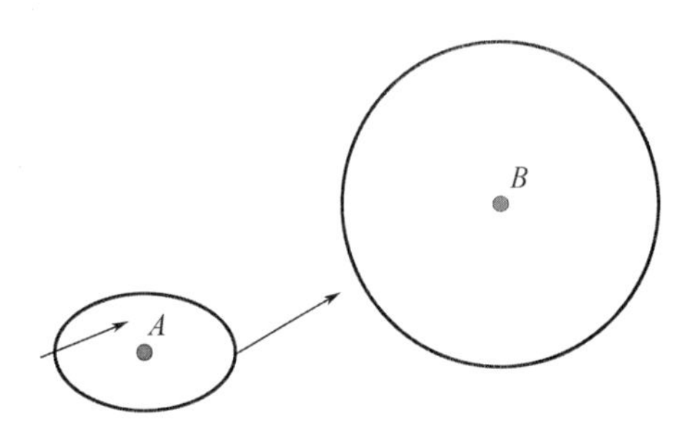

图 3.12　潮汐力矩

若读者对“力矩”的概念不熟悉(在“角动量与动量”中有讲解),也可以用上述讲到的“等势面”概念来理解。

若 A 不满足潮汐锁定,则会在公转过程中出现如图 3.13 所示等势面形状与实际形状不重合情况。

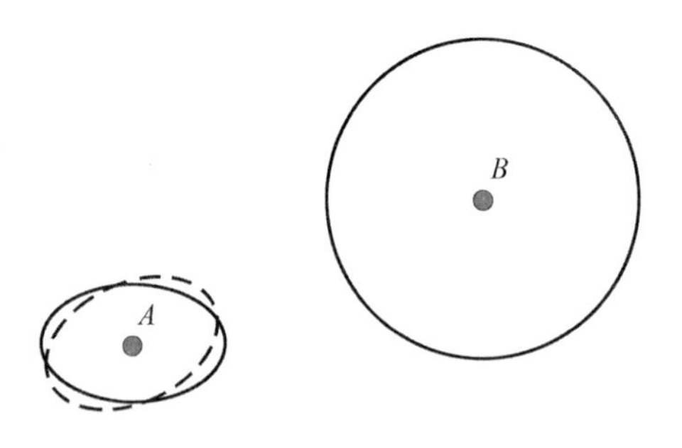

图 3.13　等势面形状与实际形状不重合

虚线为此时 A 的等势面形状。此时 A 的实际形状不满足其等势面形状,

即 A 表面各处的势能不相等,由此产生力来纠正这一偏差,直到 A 的形状满足等势面形状,也就是同步自转。

3.5 习　　题

1. 在赤道地区水平地面上竖直向上射出一个质量为 m 的小物体,它能达到的最大高度为 h,地球质量为 M,半径为 R,请给出物体落点与抛出点之间的距离 S 的表达式,并判断落点位于抛出点的东边还是西边。

2. 在赤道地区观测者的上空放置一个质量为 m 的小球,高度为 h。开始时小球相对观测者和地面静止,在某时刻,释放小球让其做自由落体运动。设地球质量为 M,半径为 R,请给出物体落点与观测者之间的距离 s 的表达式,并判断落点位于观测者东边还是西边。

3. (2005 年亚太天文奥林匹克竞赛理论赛高年组第 2 题)潮汐消失。求出可以造成地球表面潮汐偶然消失的月球圆轨道半径。这种“消失”的周期是多少?

4. (2017 年全国中学生天文奥林匹克竞赛理论赛第 18 题)伴星。天文学上有许多伴星围绕主星运行。伴星的轨道小到某一临界半径之内,就会被主星引潮力撕成碎片。撕裂伴星的力有主星引潮力和其自转引起的离心惯性力;凝聚伴星的力有伴星引力和化学结合力(化学结合力比起引力往往可以忽略不计)。假设伴星被撕裂的条件是三力之和不小于 0。

(1)对于地月系统(地 - 月密度比为 5/3),月球被地球引潮力撕碎的临界距离是多少?

(2)在不考虑火卫二对火卫一引力影响下,对于火星 - 火卫一系统(火星 - 火卫一密度比为 2:1),这个临界距离是多少?

5. 分别假设人是刚体或者液体,估算人是否在地球的洛希半径之内。如果是,为什么人没有被地球的引潮力瓦解?

第4章　太阳系小天体及其与地球的关系

4.1　小行星与彗星

4.1.1　小行星的形成

小行星与彗星同属太阳系小天体,这些小天体上可能包含着早期太阳系的物质,所以被认为是原始太阳系的化石。研究太阳系小天体有助于了解早期太阳系的形成和演化过程,也有助于理解地球等太阳系行星的形成和演化过程,甚至还可以研究太阳系生命的诞生历史。

早期的太阳系是一片巨大的太阳系星云,随着内部物质的聚集、旋转,逐渐形成一个充满尘埃和其他颗粒物质的盘状结构,称为原行星盘,当时太阳就位于原行星盘中心。随着时间的推移,原行星盘中的尘埃和其他颗粒物质逐渐聚集,物质粒径不断增大,逐步演化为数量众多的星子。这些星子之间再进行碰撞、粘连、聚集,就逐步演化为今天的太阳系各类天体。

小行星按照轨道可以分为主带小行星、近地小行星、特洛伊小行星、半人马型小行星、海外小行星等。其中主带小行星位于小行星主带区域,该区域介于火星轨道和木星轨道之间,这个区域也是大部分小行星的聚集地;近地小行星就是位于地球绕日轨道附近的小行星,这些小行星大致可以分为 Atira、Aten、Apollo、Amor 四个型号。

4.1.2　彗星的物质组成和结构

1. 物质组成

彗星是太阳系小天体的一种,质量与小行星处同一量级。彗星主要由固态的冰、干冰、氨、尘埃微粒、岩石和一些气体分子组成。

2. 彗星的结构

彗星亮度和形状随与太阳的距离变化而变化。离太阳很远(大于 4 AU)时彗星呈冻结的球状,类似雪球,此时彗星处于休眠态;靠近太阳时彗星表面的物质开始融化、升华形成大气,包裹在彗星周围,称为彗发,中间的固态部分称为彗核。彗核集中了彗星的大部分质量。一般来说,离太阳越近,彗发体积、亮度越大,当距离太阳2 AU以内时,彗星在背对太阳的方向会形成一条长长的尾巴,称为彗尾,离太阳越近,长度、亮度越大,最长时可达上亿千米(AU数量级)。

彗尾如图 4.1 所示,分为离子彗尾和尘埃彗尾,位于上面的较为细长的为离子彗尾,位于下面的较为粗大的为尘埃彗尾。

图 4.1　彗尾

尘埃彗尾主要是尘埃受到太阳辐射压力的推斥作用而形成,同时因为惯性而弯曲;离子彗尾由气体分子(CO,CN,H_2O,OH^-等)电离形成的离子,主要受到太阳风的作用而形成,笔直背对太阳方向。尘埃彗尾的反射率较高,主要反射太阳光而呈黄色;离子彗尾受到太阳风作用,气体分子电离发出荧光辐射,主要呈蓝绿色。

此外,彗星周围还有一层由氢原子组成的氢包层。图 4.2 所示为彗星的结构。

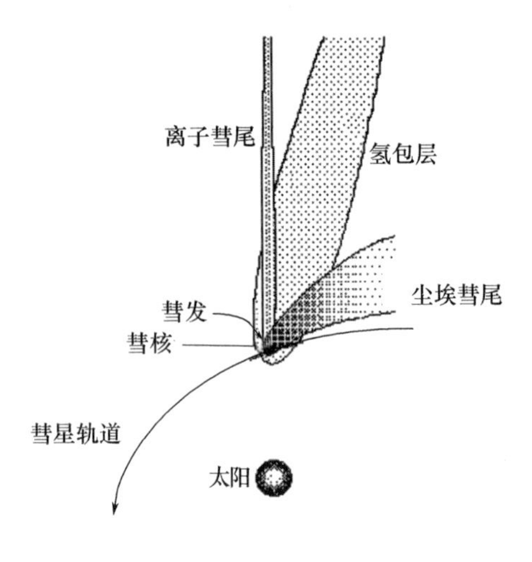

图 4.2　彗星的结构

4.1.3　彗星的轨道及起源

彗星的轨道可能为椭圆、抛物线或双曲线。椭圆轨道的彗星分为短周期彗星(周期小于 200 年)和长周期彗星(周期不小于 200 年)。彗星的运行轨道与地球公转轨道(黄道面)存在一定倾角,有些倾角很大,甚至与黄道面垂直。彗星只有经过近日点附近时才可以被观测到,而其中也只有极少数很亮的彗星能被肉眼看到。

关于彗星的来源,通常认为彗星由太阳系形成之初的物质聚集而成。一般来说,彗星储存于奥尔特云中,在某些引力下被带到内太阳系中。在逐渐靠近太阳的过程中,太阳风对彗星体的作用越来越强烈,导致彗星出现了活动现象,如出现了若干彗尾。通常情况下,彗星的亮度随着其接近近日点而呈现增强现象,在彗星过了近日点远离太阳的过程中,类彗活动逐渐减弱,其亮度逐渐下降。

除了常见的长周期彗星、短周期彗星外,还有一类彗星,其轨道位于小行星带内部,外观与其他主带小行星并无两样,但是在其受到某些“刺激”后,就会出现活动现象,也会和彗星一样拖起彗尾,这种彗星称为主带彗星或活动小行星。但是目前尚不清楚其活动机制,主流观点有自转不稳定性和碰撞说。主带彗星的发现揭示了小行星与彗星之间存在密切关系,同时主带彗星的发现也体现了天体的多样性。

4.2　流　　星

4.2.1　流星是如何形成的

当你看见流星像一道闪电划破群星灿烂的夜空,你要知道的是那并非遥远的星星在飞,而是地球大气层中转瞬即逝的光痕①。

流星这一天文现象源自于弥漫在太阳系空间中的细小天体,地球公转时,与这些细小天体相遇,它们会被地球引力吸入大气层,成为流星体。流星体多半来自彗星经过时留下的碎屑,也有部分来自小行星、月球及其他行星。

4.2.2　几种流星

流星体进入大气层的速度介于11 km/s到72 km/s之间,快慢取决于流星体和地球之间的相对速度。通常情况下后半夜看到的流星会比前半夜多,这和所看到流星的相对速度有关。通俗地讲,把地球的公转方向理解为前方,地球上处于后半夜的一面是地球"迎着"的一面,处于前半夜的一面是地球"背着"的一面,"迎着"的一面"撞到"物体的概率比"背着"的一面被物体"追上"的概率大得多。

单个的、偶然出现的流星称为偶发流星,偶发流星每天都有,因为宇宙空间中到处都有流星体分布。

如果流星较大,在穿过大气层时有部分仍在燃烧,能看到的燃烧着在空中掠过的流星,称为火流星。火流星指星等值小于 -3 m且质量大于5 g的流星。如果流星穿过大气层后仍然没全部烧完,碎片坠落下来则成为陨石。

4.2.3　流星雨辐射点与彗星轨道

流星雨中所有流星体的空间运动方向都是平行的,由于透视原理,流星看

① 出自苏宜《天文学新概论》

起来都是从天空中同一个点发射出来的,这个点就称为辐射点。

星际空间中的流星体如图4.3所示,在实际空间中,各个流星体的运动方向相同(图中直线为流星体的运动轨迹)。

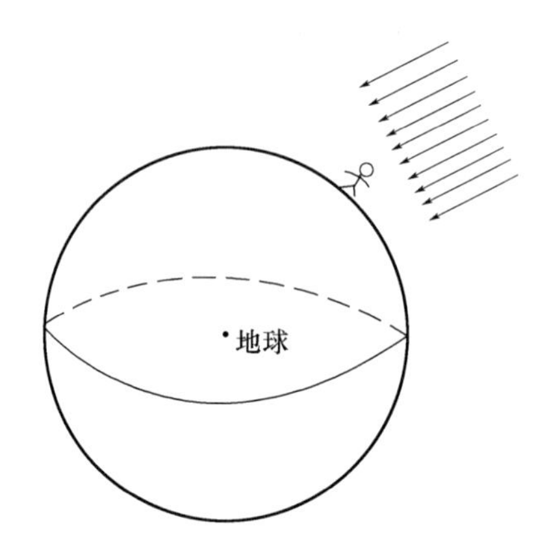

图4.3　星际空间中的流星体

以观测者为中心,则流星体空间轨迹如图4.4所示(图中直线为流星体的运动轨迹)。

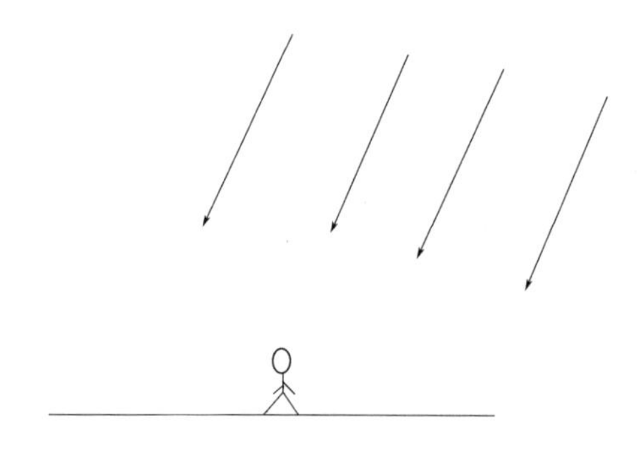

图4.4　流星体空间轨迹

观测者看到的是流星体在天球上的投影,即把流星体的运动轨迹投射到无限远的球面上。图4.5所示为流星体观测轨迹。

从图4.5中可以看出,运动方向指向观测者的流星体在天球上的投影为一个点A,而其他流星体的轨迹B、C均从A点向外指。说明流星的轨迹有一个辐射点,辐射点的位置为A点对应流星体的方向。

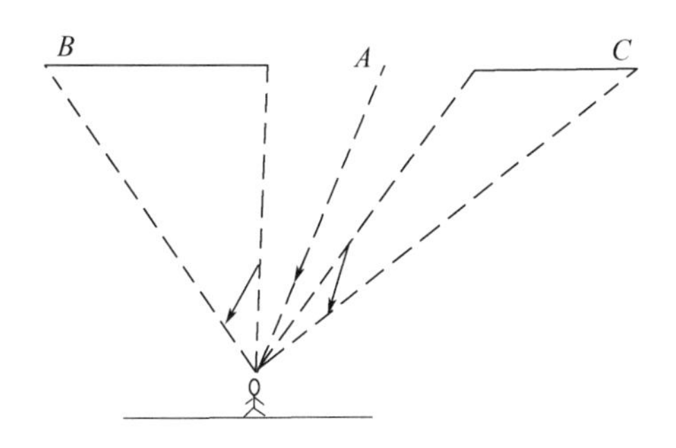

图4.5　流星体观测轨迹

判断一颗流星是不是该流星群内的,只需看其反向延长线是否过那个辐射点。

通常来说,只有辐射点上升到地平线上时,才可以观测到该流星群内的流星。因为空间中流星体的范围并没有像上图那样大,而是集中在比较小的一片区域。图4.6所示为流星雨辐射点。

图4.6　流星雨辐射点

如果辐射点在地平线下(图4.7),则绝大多数流星体都无法到达观测者能看到的天空区域(图4.7中直线上方),因此观测者无法看到流星。

流星雨的母彗星一般与地球轨道有一到两个交点,当地球运行到该交点附近时,便能观测到该流星群形成的流星雨,地球运行到该交点的日期就是流星雨的极大日期。而流星雨的辐射点坐标则由该彗星轨道的倾角和方向决定。

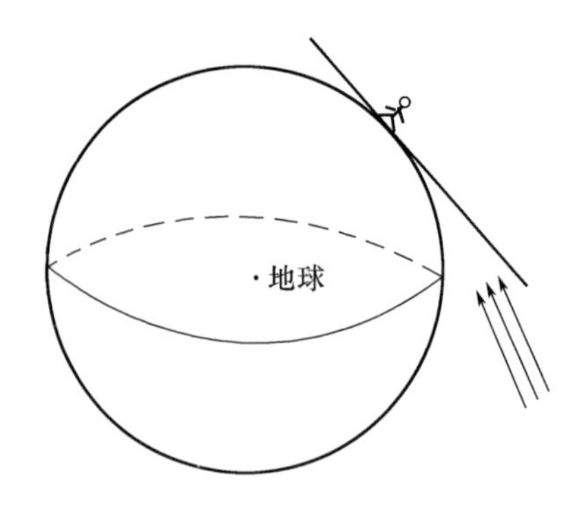

图 4.7 地平线下的流星体

大致思路是，求解地球经过地球轨道与彗星轨道交点时流星体的方向，在习题中有具体的过程。

4.3 习 题

1. 某颗彗星的物质形成了一个流星群，该彗星升交点黄经为 121°，该流星群辐射点赤经为 +35°，则该流星群活动极大值的日期在(　　)节气附近。

A. 大暑　　B. 立秋　　C. 大寒　　D. 立春

2. 在地面上观测到的流星运动速度在 11 ~ 72 km/s 之间，其中 11 km/s 的流星只会出现在(　　)。

A. 黄道面上　　B. 黄极方向

C. 与太阳呈 90°方向　　D. 任何方向

3. 在某个时间内观测狮子座流星雨，这些流星会在距地球表面 112 km 处开始发光。午夜时有人看到一颗流星在夜空中划过，从天顶处出现，经过 $\tau = 0.8$ s运行到距天顶 30°处的一个点消失，估算该流星最小和最大的可能速度。

4. 假设有一颗彗星 600 P/Abc，轨道倾角为 0.12°，半长轴为 $a = 25$ AU，近日距为 $q = 0.5$ AU。它有可能是历史上记载的著名流星雨 SHC 的母彗星。该流星雨 6 月 20 日达到极大。

(1) 该彗星还有没有可能造成其他流星雨？如果可能，假设它是 SMC，估算 SMC 极大的日期。假设每年只能观测这两个流星雨中的一个，它们的预报流量几乎一样,你会选择哪个?

(2)估算 SHC 的辐射点黄经,它位于哪个星座?可能有多少年的爆发周期?如果 SMC 存在,估算 SMC 的辐射点黄经和所在星座。

(3)周期彗星表中,另一颗彗星 770 P/Cba 的轨道也在 6 月 20 日与地球轨道颇为接近,彗星在这里从地球轨道外侧进入内侧。770 P 轨道倾角为 0.51°,半长轴为 3.03 AU,近日距为 0.55 AU,则该彗星有没有可能是 SHC 的母彗星?

(提示:离心率较大的椭圆轨道在近日点处可视为抛物线)

第5章　望远镜与几何光学

5.1　望远镜的功能

望远镜具备两个重要的功能。

(1)聚光功能。用望远镜可以看到人们用肉眼看不到的很暗的天体。

(2)角分辨率。用望远镜可以看清天体的许多细节①。

5.1.1　聚光功能

天球上的恒星能被看到是因为它们的星光进入了眼中,恒星发射出的光子在视网膜上成像。自然就会想到,如果瞳孔更大一些,单位时间内就能接收更多的光子,看到的天体就会更亮(或者说能看到更暗的天体)。天文望远镜可以简单地理解为放大版的眼睛。望远镜的聚光能力与受光面积成正比,对于同一天体,有

$$\frac{N_1}{N_2}=\frac{S_1}{S_2}=\frac{d_1^2}{d_2^2}$$

式中,N 为单位时间内接收到的总光子数,直接反映望远镜的聚光能力;d 为望远镜的直径。假设单位时间内接收的总光子数小于 N_0 时,天体无法成像,有望远镜极限星等公式为

$$m_1-m_2=-2.5\lg\frac{\frac{N_0}{S_1}}{\frac{N_0}{S_2}}$$

$$=-2.5\lg\frac{S_2}{S_1}$$

① 出自《天文学物理新视野》

$$= -5\lg\frac{d_2}{d_1}$$

人眼的极限星等是 6^m，以此为基础可计算其他口径望远镜的极限星等。不过，人眼和望远镜仍不能一概而论。人眼的“曝光”时间仅固定在1/20 s，而运用相机或者CCD等的观测可以曝光几小时。所以从人眼极限星等出发计算电子设备的极限星等时，星等值会偏小。

5.1.2　角分辨率

分辨率是指把两个靠近的星象分离开来的能力。同时分辨率越高，越能看清一个面源天体的细节。

影响分辨率的一个主要因素是光的衍射。衍射是光线在遭遇阻挡或者透过孔时引起的弯曲或扩散现象。

衍射的一个比较明显的结果是使光点变成光斑，光斑的角宽度 θ 与光的波长 λ 及孔的直径 D 满足近似关系：

$$\theta(\mathrm{rad}) \approx \frac{\lambda}{D}$$

如果两颗恒星的间距小于 θ，它们的像将混成一体，所以定义 θ 为望远镜的角分辨率，又称为分辨角或分辨本领。衍射光斑的实际大小取决于孔的形状，对于圆形孔，角分辨率满足：

$$\theta(\mathrm{rad}) \approx \frac{1.22\lambda}{D} \tag{5.1}$$

对于望远镜，孔的直径 D 指代物镜口径。特别地，如果观测波段为可见光（波长约550 nm），有经验公式：

$$\theta('') \approx \frac{140}{D(\mathrm{mm})} \tag{5.2}$$

人眼瞳孔直径约为6 mm，理论上分辨角为23″。但人眼的实际分辨率并没有这么高，因为人通常无法充分使用瞳孔的全部直径。人眼实际分辨角约为1′。

5.2 折射式望远镜

5.2.1 光路原理

折射式望远镜由物镜和目镜两个透镜系统组成。有的物镜和目镜由多个透镜构成以抵消色差，但在学习光路原理时可以简单地当作只有物镜和目镜两个透镜。

下面介绍现在常用的开普勒式折射式望远镜，物镜与目镜均为凸透镜。

需要注意的是，在望远镜的光路原理中，天体发出的光为平行光，且每一束平行光均由天体的不同位置发出；望远镜处理后的光也为平行光，目的是方便人眼处理光信息。

首先，来自遥远天体的平行光被物镜拦截，由焦距的定义可知，平行光(不论是否与主光轴平行)折射后将会聚于焦点(或垂直于主光轴且过焦点的平面)，如图 5.1 所示，即像距等于焦距。

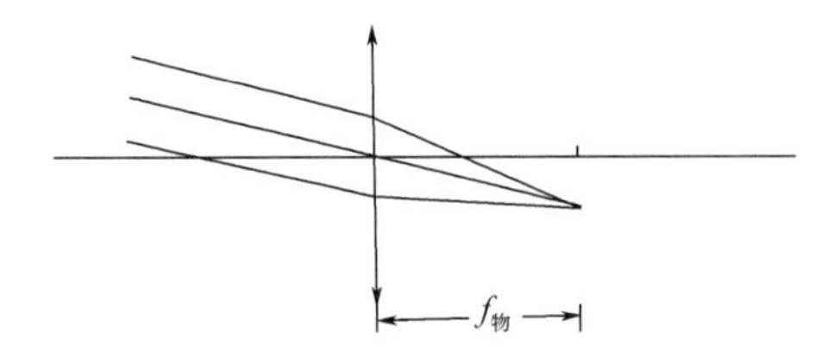

图 5.1　折射式光路原理一

经物镜会聚的“像”实际上作为目镜的“物”。对于目镜，需要让最后出来的光平行，则有物距等于焦距，如图 5.2 所示(图中的虚线用于确定光线经目镜折射后的方向，也可理解为实际存在的光路)。

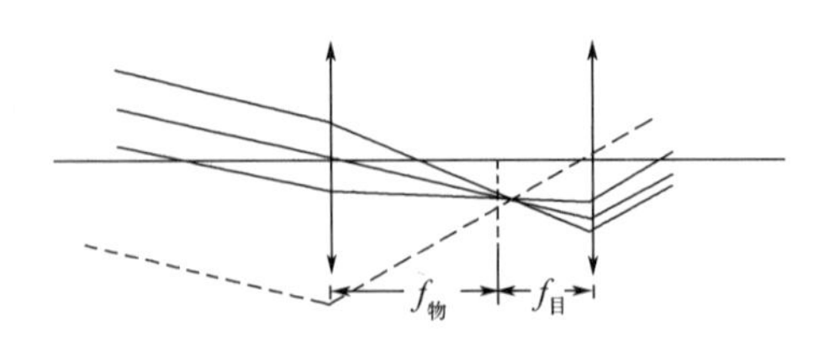

图 5.2　折射式光路原理二

从原理中发现关系式：

$$d_{物与目} = f_{物} + f_{目}$$

也就是说，当换上一个焦距更小的目镜时，需要将目镜往前调。

从光路中可以发现，光线的上下关系（包括左右关系）在光线经过望远镜后发生了颠倒，所以最后呈倒像。

5.2.2　放大倍率

天文望远镜的放大倍率公式为

$$G = \frac{f_{物}}{f_{目}} \tag{5.3}$$

现在来回顾一下初中知识：在凸透镜成像中，区分像是放大还是缩小，只需要看物距 u 是在 $2f$ 之内还是 $2f$ 之外，成像性质见表 5.1。

表 5.1　成像性质

物距(u)	像距(v)	成像性质
$u>2f$	$f<v<2f$	倒立缩小
$u=2f$	$v=2f$	倒立等大
$f<u<2f$	$v>2f$	倒立放大
$u=f$	$v=\infty$	不成像
$u<f$	$v>f$	正立放大的虚像

对于天文望远镜，物距 $u\to\infty>2f$，所以理应呈缩小的像。既然望远镜呈缩小的像，为什么会讲到“放大倍率”，为什么要用望远镜来看本来就“小”到看不清的天体？

这个问题大家可能之前从未想过，而它的破题关键也很简单——初中所讲的“放大缩小”是指长度的放大缩小，而望远镜的“放大缩小”是指角度的放大缩小。

一盏长 10 cm 的蜡烛，放在凸透镜的 $2f$ 处，其呈现的蜡烛像的长度也一定是 10 cm。但是，如果站在像的这一端，往光轴的方向看去，直观感受是像会比物“大”。这是因为像离得更近,其角大小更大。图 5.3 所示为线大小与角大小。

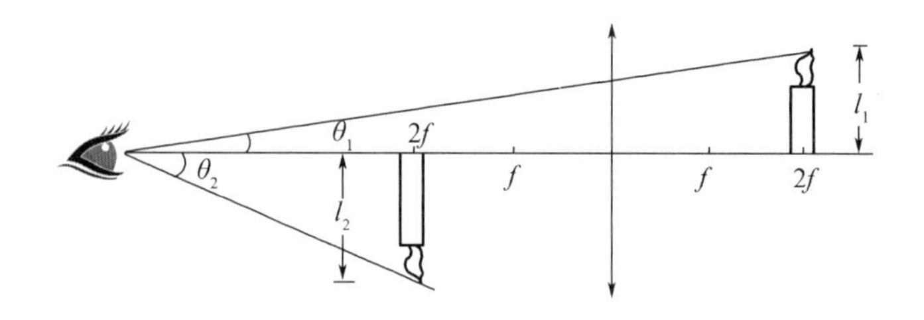

图 5.3 线大小与角大小

图 5.3 中有

$$l_1 = l_2 \qquad (\theta_1 < \theta_2)$$

类似地,望远镜的放大倍率实际上指的是天体角直径的放大倍率。下面推导放大倍率公式。

假设现在有两颗相距较近的星,它们在天空中的实际张角为 θ_1,如图 5.4 所示。

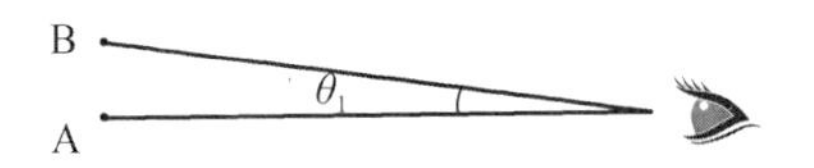

图 5.4 两颗恒星的张角

现在用望远镜来代替人眼,图 5.5 所示为放大倍率图示一。

图 5.5 中令 A 星位于主光轴上,这样 A 星的光线及成像就一直位于主光轴上,减少作画量。

两颗星的光线经过透镜后,其夹角由 θ_1 变为 θ_2,运用对角相等、同位角相等原理,将 θ_1 与 θ_2 转移到同一个三角形中,图 5.6 所示为放大倍率图示二。

图 5.6 中有

$$\tan\theta_1 = \frac{h}{f_{物}}, \quad \tan\theta_2 = \frac{h}{f_{目}}$$

$$h = \tan\theta_1 \cdot f_{物} = \tan\theta_2 \cdot f_{目}$$

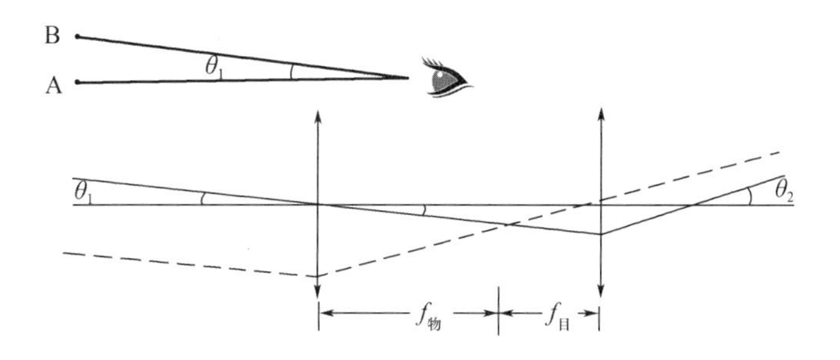

图 5.5　放大倍率图示一

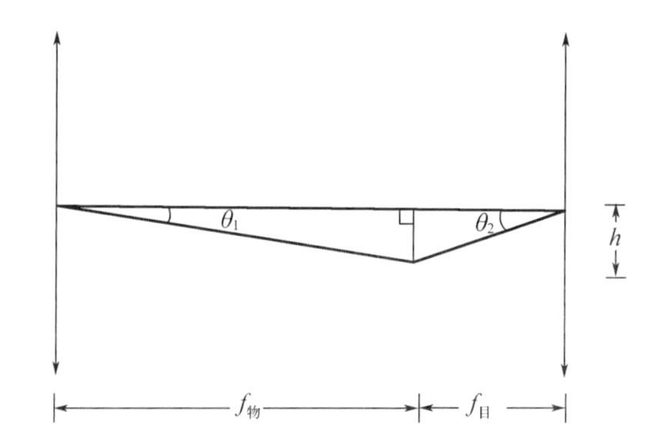

图 5.6　放大倍率图示二

因为 θ_1 与 θ_2 均为小角，运用小量近似有

$$\theta_1 f_{物} = \theta_2 f_{目}$$

所以

$$G = \frac{\theta_1}{\theta_2} = \frac{f_{物}}{f_{目}} \tag{5.4}$$

5.2.3　焦比与光力

望远镜的光力也称相对口径，即口径 D 与焦距 F 之比

$$A = D/F \tag{5.5}$$

光力的倒数称为焦比

$$1/A = F/D \tag{5.6}$$

光力越大，望远镜的集光能力就越强，观测有视面天体（太阳、月亮、流星、星云）就越有利，其亮度与光力 A^2 成正比。

焦比越大，越容易得到越高的倍率；焦比越小，越不容易得到较高的倍率，但影像更亮，视野更大。

5.2.4 视场

视场与目镜的表观视场和望远镜组的放大倍率相关。目镜出厂时都有一个自带的视场参数，称为表观视场。一般目镜裸露出的透镜越大，表观视场越大。广角目镜就是表观视场大的目镜。

$$真实视场 = \frac{表观视场}{放大倍率}$$

真实视场是指从目镜中看到的区域在天球上的角大小，而表观视场是指实际看到的区域的角大小。选用广角目镜观测时，能明显感受到目镜中可以看到的天空范围较大。这块区域的大小直接等于表观视场。

5.2.5 优缺点

折射式望远镜的一个突出优点是其光学部件准直很好，对光轴准直的敏感度不像反射式望远镜那么高，且清晰度较好。

不过折射式望远镜更多被提及的是其缺点。首先折射式望远镜使用透镜来成像，光线会穿过透镜，所以对透镜的精细度要求高，做工精细则成本高。反射式望远镜因为光线只到达反射面表面，所以只需要磨制反射镜的一面就够了，精细度要求低。其次折射式望远镜存在色差，而消色差的装置又会增加成本。

目前世界上的大望远镜（口径 1 m 以上）基本都为反射式望远镜。现在最大的折射式望远镜口径为 1 020 mm。

5.3 反射式望远镜

反射式望远镜各个参数的公式与折射式望远镜一样，优缺点基本与折射式望远镜相反(因为本来就是将二者做对比),需要记住的是其光路原理。

反射式望远镜的原理是用一块反射镜将光线反射并聚焦,因为光线向射来的方向反射回去,为了观测星像,目镜(连同观测者)必须位于恒星与镜面之间,这样就会阻挡入射的光线,不便于观测。为了解决这个问题,科学家想出了以下几种结构。

5.3.1　主焦点

有一种方法是不管入射光线是否会被遮挡,都仍然把目镜放在反射镜聚焦后的位置,这种方法称为主焦点观测。主焦点观测只适用于口径较大的望远镜,这时被遮挡的只是物镜整个集光面积的很小部分。对于大望远镜,可用电子元件(类似 CCD)放在焦点处收集光信号。

主焦点观测的优点是不需要其他反射镜,光线不会因为附加的反射而损失(或星象不遭受损失)。这提供了一种小焦比的系统,它一般具有大视场。FAST(500 m 口径球面射电望远镜)便是运用主焦点观测。

5.3.2　牛顿式

对于口径较小的反射式望远镜,就不能采用主焦点观测了,必须把焦点转移到镜筒之外。

牛顿式是在光线达到焦点之前的位置放置一块平面对角镜,将物镜所成的像导向侧面。这样目镜就可以安装在镜筒的边上。这个装置虽然有一些挡光,但这相对于小型望远镜也只是很小的一部分,如图 5.7 所示。

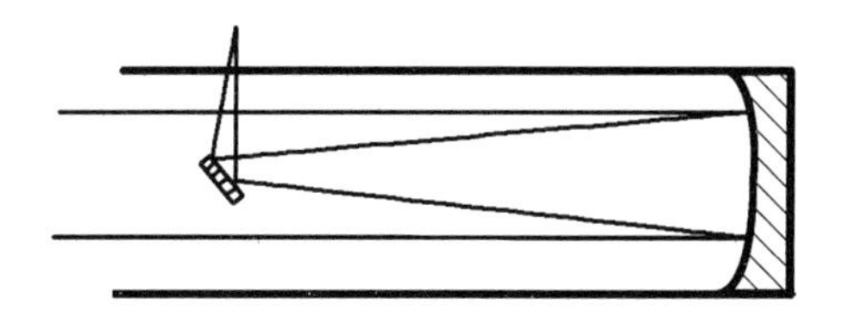

图 5.7　牛顿式反射望远镜

牛顿式对于较大的望远镜就不适用了,因为目镜装在望远镜顶端,目镜远离整个望远镜的支撑点,这样安放在焦点上的设备会对支架施加一个很大的力矩,使整个结构不稳定。

5.3.3 卡塞格林式

卡塞格林式是在主焦点处放置一个反射镜,它把光线再次反射后,穿过位于主镜中心的一个洞,如图 5.8 所示。在主镜中心开一个洞损失的光很少,而且那里本来就会受到挡光。

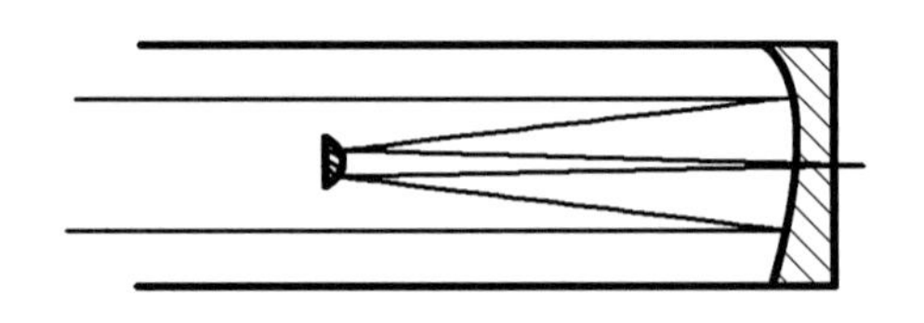

图 5.8 卡塞格林式反射望远镜

卡塞格林式的主焦点处的反射镜是一块凸面镜,所以望远镜的焦距比物镜的焦距更长。

这种结构下,目镜装在物镜后面,便于直接观测,适用于小型望远镜。同时,即使在目镜后面安装许多装置,它们离望远镜的支撑点也不会太远,因此不会出现很大的力矩,所以也适用于较大的望远镜。

5.4 望远镜的像差

虽然光路图设计得很好,但实际运用中总会出现一些不尽如人意的地方。实际成像与理论确定的理想成像间的偏离称为像差。像差有许多种,各个种别有其具体的原因。

有一种类型的像差称为球差。要使平行光反射后聚焦到一点,镜面须为抛物面。但制作工艺中球面比抛物面更容易磨制,为了节约成本很多反射镜镜面为球面。球面形状对于形成一个与理论相符的像所需的形状像差很小,但就是这点微小的偏差导致了像差。

还有一种类型的像差称为像散。像散是由发光物体与主光轴距离太远产生的,这将导致光束不能聚焦于一点,成像不清晰,所以称像散。

比较重要的一类像差是色差。色差是折射式望远镜才具有的。因为材料的折射率与光的波长有关,波长越长则折射率越小。因此透镜的焦距对于不同的波长会有不同的取值。不同波长的光最后会成像于不同的位置。

通过双透镜系统可以一定程度上改正色差,这种系统称为消色差透镜。消色差透镜的两块透镜以不同的材料制成,即同一波长的光在两块透镜中具有不同的折射率,从而使两个不同波长的光最后能重叠在一起。

5.5　巴　洛　镜

巴洛镜是望远镜光路中的一个难点。巴洛镜是一块凹透镜,直接安装在目镜的前端,可以增加望远镜的放大倍率。一个巴洛镜的放大倍率一般是固定的,但通过调节巴洛镜与目镜间的距离可以调节其放大倍率。目前中学生天文社团能够拥有的巴洛镜接目镜的一端是不能调整的,所以其放大倍率固定。

5.5.1　光路原理

望远镜放大倍率公式为

$$G = \frac{f_{物}}{f_{目}}$$

巴洛镜用于增加望远镜的放大倍率,所以其等效原理可以视为增大物镜的焦距或者减小目镜的焦距。实际上巴洛镜采用的是前者,即增大物镜焦距。

2 × 的巴洛镜能够放大两倍,所以其等效后的物镜焦距为原来的两倍,其他倍率与此类似。

图 5.9 所示为未装巴洛镜的望远镜光路。

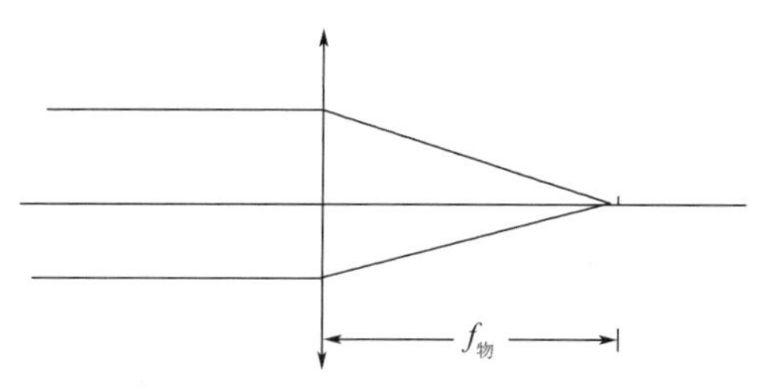

5.9　未装巴洛镜的望远镜光路

加装巴洛镜后，光线在会聚前会被发散一次，使会聚的点更远，如图 5.10 所示。由于巴洛镜的等效原理为增大物镜焦距，所以巴洛镜安装在物镜焦点之前（如果安装在物镜焦点之后，则其等效原理变为减小目镜焦距）。

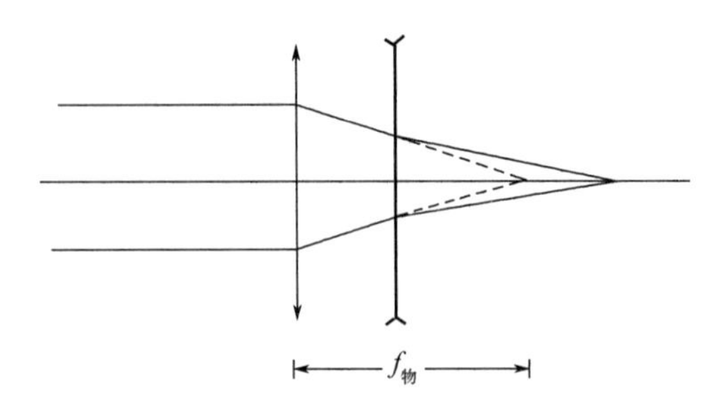

图 5.10　加装巴洛镜光路

提取图 5.10 中的几何关系，来确定巴洛镜参数间的关系（请读者凭借图 5.11 中的凹透镜位置确定几何图示在光路图示中的位置）。

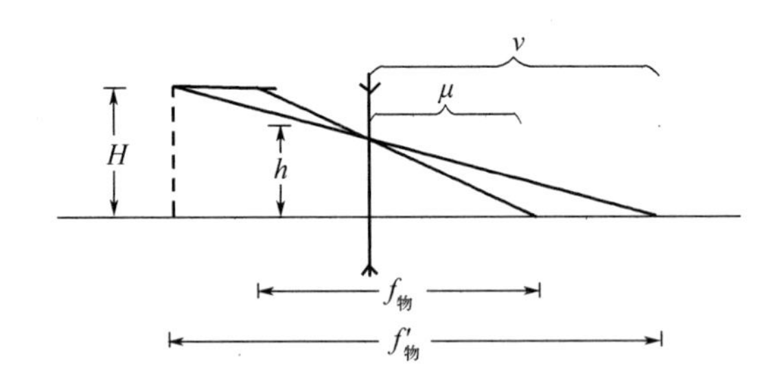

图 5.11　巴洛镜光路几何关系

图 5.11 中等效后的物镜焦距为什么是标出来的这一段？请读者自行思考。

因为巴洛镜放大的原理是等效增大物镜焦距，所以有巴洛镜的放大倍率公式：

$$G' = \frac{f'_物}{f_物}$$

由相似三角形性质有

$$\frac{h}{\mu} = \frac{H}{f_物}$$

$$\frac{h}{\nu} = \frac{H}{f'_{物}}$$

所以有

$$\frac{H}{h} = \frac{f_{物}}{\mu} = \frac{f'_{物}}{\nu}$$

所以

$$G' = \frac{f'_{物}}{f_{物}} = \frac{\nu}{\mu}$$

这里 ν 与 μ 不仅表示图示中的距离,还有特殊的光学性质。ν 指代巴洛镜(凹透镜)物距的绝对值,μ 指代巴洛镜像距的绝对值。即巴洛镜的放大倍率等于其像距与物距(的绝对值)之比。

5.5.2　薄透镜成像公式

薄透镜成像公式为

$$\frac{1}{\mu} + \frac{1}{\nu} = \frac{1}{f} \tag{5.7}$$

透镜的表面均为近似球面,如果一个透镜的厚度远小于球面半径,则称为薄透镜。

上述的光路均为简单光路。只要遵循两个原则就可以画出所有光路图。

(1)平行于主光轴的光经透镜折射后会聚于焦点或其反向延长线会聚于焦点。

(2)经过透镜中心的光线不发生偏转。

对于不经过透镜中心,同时光路与焦点无关的光线,才需要用到薄透镜成像公式。薄透镜成像公式的难点在于公式中的数值有可能为负值,对这个公式的理解有两种方式。

1. 死记硬背式

对于光线从左到右穿过透镜的图示(上述图均可),记以下几个习惯规则。

(1)若物在透镜左边,则记物距 μ 为正值;若物在透镜右边,则记物距 μ 为负值。

(2)若像在透镜右边,则记像距 ν 为正值;若像在透镜左边,则记像距 ν 为负值。

(3)若透镜为凸透镜,则记焦距f为正值;若透镜为凹透镜,则记焦距f为负值。

这样,对于上述图示巴洛镜,物在透镜右边,μ为负值;像在透镜右边,ν为正值;巴洛镜为凹透镜,f为负值。

2. **专有名词死记硬背式**

将物距、像距和焦距都分为实和虚两种。实对应正值,虚对应负值。

若像为实像,则其像距为实像距,记为正值。若像为虚像,则其像距为虚像距,记为负值。物距与焦距以此类推。

实像与虚像在初中就接触过,所以比较熟悉。实像可以简单理解为有实际光线经过的像,如图5.12所示。虚像为没有实际光线经过的像,如图5.13所示。

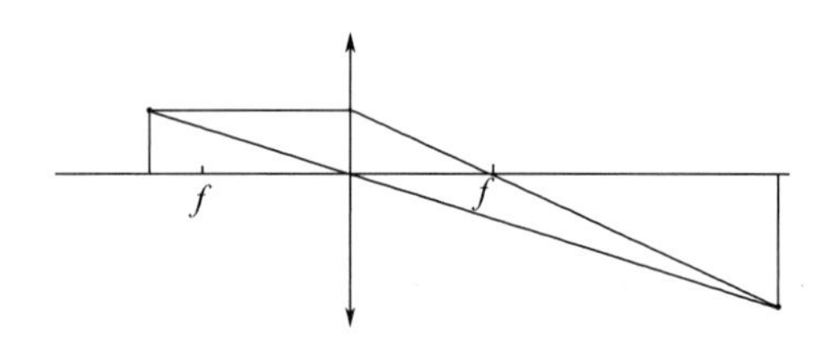

图5.12 实像

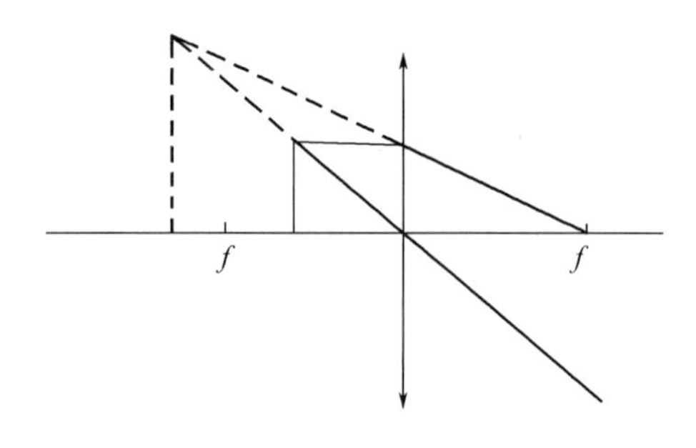

图5.13 虚像

图5.12中物距在f之外,成实像,从光路图中可以很明显地看出像由实际光线会聚而成。图5.13中物距在f之内,成虚像,可以看到像没有实际光线经过,而是由光线的反向延长线会聚而来。

实际上对于实物虚物也可以这样辨别。在图5.10中,物(虚线会聚的点)并没有实际光线经过,所以其为虚物,μ 取负值。像为实像,ν 取正值。

而对于焦距的实虚,可以简单地记凸透镜的焦点为实焦点,凹透镜的焦点为虚焦点。

"焦"顾名思义即为"聚焦",有"会聚"之意,凸透镜对光线起会聚作用,所以其焦点确实是聚焦的点,称为实焦点。

凹透镜对光线起发散作用,所以并不存在"焦"点,而是虚焦点。

5.6　习　　题

1. 这一节讲了很多公式的推导,但最有用的还是公式本身。请整理本节课的公式。

____

____

____

2. 选择目镜,人眼的分辨率大约为 $2'$。某学校的天文社有两台天文望远镜,一台口径为150 mm、焦比为F/10、另一台口径为100 mm,焦距为600 mm。社长打算给这两台望远镜各配一只目镜,让大家在观测时既能充分利用到望远镜的分辨率又不至于倍率太高导致成像太暗或视场太小。社长发现某品牌有如下焦距的目镜可供选择:30 mm、18 mm、10.8 mm、6.7 mm、3.9 mm。

请通过必要的计算和说明帮社长决定应该给这两台望远镜分别配置哪只目镜?

3. (2009年第3届IOAA第7题)一个学生想利用地球自转确定他(她)的望远镜目镜的视场(FOV)。为了完成这个任务,他将望远镜指向织女星(天琴 α,赤经 18.5^h,赤纬 $+39°$),同时关闭跟踪,测量织女星经过整个视场直径的时间为 $t=5.3$ min,请计算望远镜的视场大小,以角分为单位。

第6章　行星视运动

请思考一个问题:行星为什么称为“行”星?

实际上,这里的“行”是与恒星的“恒”相对应的。古人发现,天空中有两种星。其中一种星在星空背景中有固定的位置,称为恒星,恒星间的相对位置不会发生改变(古人无法发现恒星自行现象);另外一种星相对太阳和恒星背景的位置有周期性的变化,称为行星。

本节就来研究行星相对太阳与恒星背景的运动,也称行星视运动。

6.1　行星相对太阳的视运动

行星与太阳均在黄道上,其相对运动问题可转化为角度问题。

6.1.1　地内行星

地内行星即地球轨道内的行星,包括水星和金星。地内行星在天球上总是在太阳附近来回运动,与太阳的角距离在一定范围内,其轨迹如图 6.1 所示。

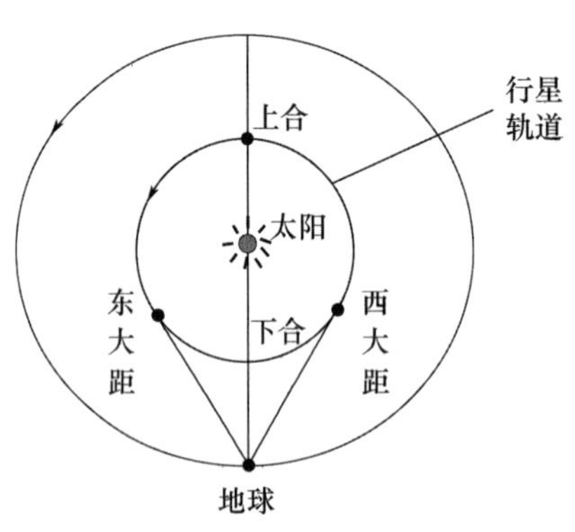

图 6.1　地内行星轨迹

图6.1中行星逆时针公转，时间顺序为：上合→东大距(昏星)→下合→西大距(晨星)→上合。

地内行星与太阳的角距离最大时，称为大距，又有东大距和西大距之分。地内行星东大距时，位于太阳的东面，可以在太阳落山前后于西地平线上看到它，此时的行星被称为昏星；地内行星西大距时是晨星，可以在太阳升起前后于东地平线上看到它。水星和金星的大距分别不会超过28°和48°。

上合、下合时，行星在太阳的方向上，这时一般看不到；下合时，行星有可能恰好经过日面，这就是凌日现象。但由于行星轨道面与地球轨道面(黄道面)有一定夹角，下合不一定会凌日。

6.1.2　地外行星

地外行星即地球轨道外的行星，包括火星、木星、土星、天王星、海王星。地外行星与太阳的角距离可以从0°到360°。图6.2所示为地外行星轨迹。

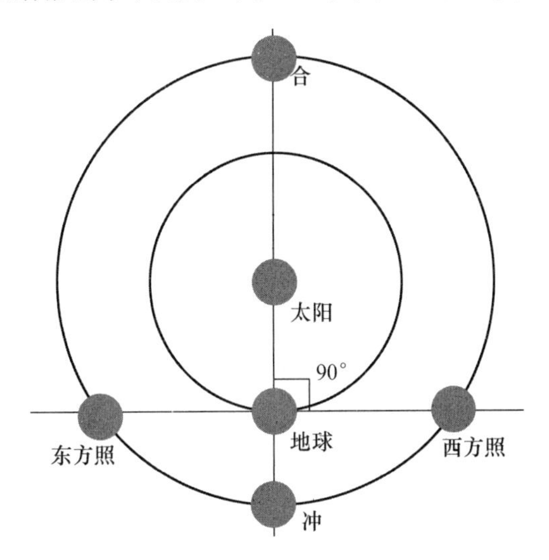

图6.2　地外行星轨迹

图6.2中行星均为逆时针旋转，时间顺序为：合→西方照→冲→东方照→合。

因为地外行星的角速度小于地球，所以如果把地球定住(即把图6.2中地球作为原点，地日连线作为y轴建立坐标系)，地外行星在图中为顺时针运动，所以合之后是西方照。

东方照时行星在太阳东边 90°,西方照时行星在太阳西边 90°。

当地外行星和太阳的黄经正好相差 180°时,称为冲日,简称冲。冲时,情况类似满月。傍晚太阳刚落山,行星就从东方升起,至次日早晨;太阳刚升起时,行星就在西方落山,所以整夜可见。在冲时,行星与地球的距离是一个会合周期中最小的,亮度也最大,非常适合观测。

冲时,如果地外行星刚好过行星轨道与地球轨道的近距点,就称为大冲,这时就更亮了。

6.2 行星相对恒星背景视运动

分析行星视运动会用到一个参数——黄经 λ。恒星的黄经是不会发生改变的(不考虑自行),行星的黄经则有或增或减的变化。

定义行星黄经增加为顺行,行星黄经减少为逆行,从顺行切换为逆行或者从逆行切换为顺行时,有一个黄经不变的转折点,这个转折点称为留。

顺行时,行星在天球上的视运动方向为自西向东,逆行时行星在天球上的视运动方向为自东向西。水星视运动如图 6.3 所示。

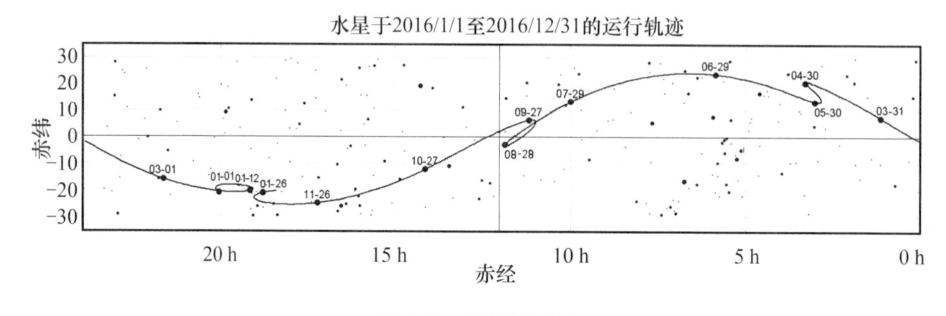

图 6.3　水星视运动

6.2.1 行星留位置求解

下面从定义黄经 λ 的变化来求解行星顺逆行的位置。

留位置求解图示一如图 6.4 所示,图中给出了地球与火星轨道的北半球俯视图。

先整理已知与待求：

已知地球公转轨道半径为 SE，地球公转速度为 v_E，火星公转轨道半径为 SM，火星公转速度为 v_M。求地球上观测到火星留时，太阳上看地球与火星的距角 $\angle ESM$。

为什么求 $\angle ESM$？因为在行星视运动中，只有行星的角速度是相对固定的（暂且忽略离心率），而与角速度对应的就是以太阳为顶点的角的大小，也就是说这个角的变化是均匀的。由 $\angle ESM$ 再结合地球和火星的公转角速度，就可以解出火星逆行的时间段了。

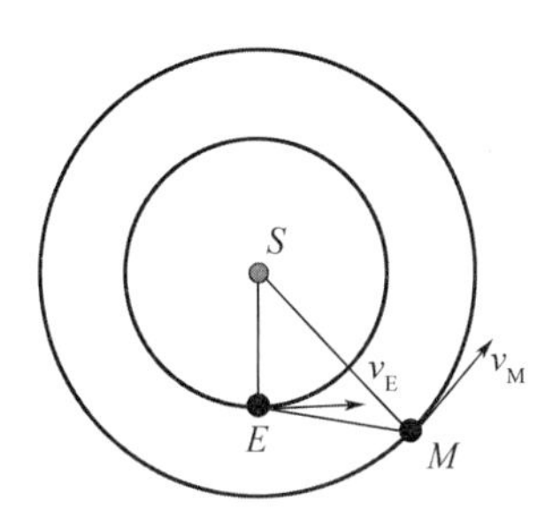

图 6.4　留位置求解图示一

任意选定一个方向为春分点，图 6.5 所示为留位置求解图示二。注意：在这个示意图中，没有固定地球（上述东方照西方照的示意图中是固定地球的），而是固定春分点的位置，像图中春分点一直位于地球下方，即使地球位置改变了也如此。这样方便直接表示黄经 λ。

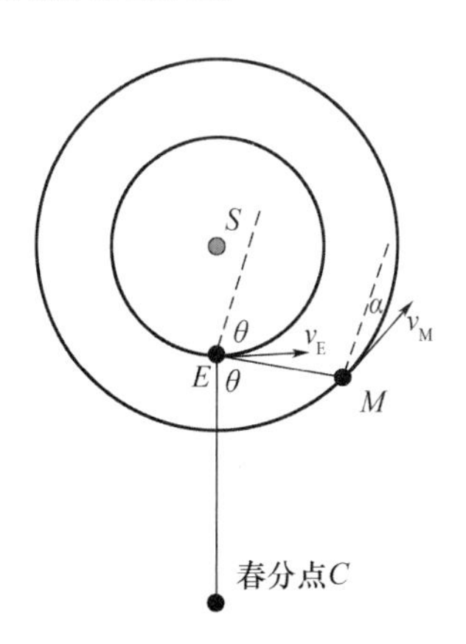

图 6.5　留位置求解图示二

图6.6所示为一段时间后的示意图(本图只为解释春分点 C 的位置变化,不在后文计算中用到)。

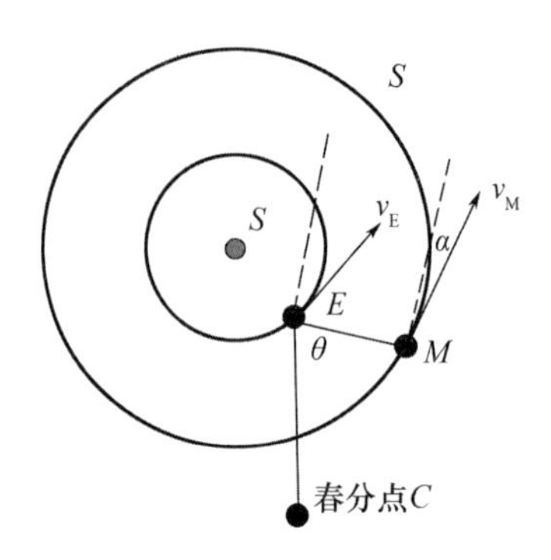

图6.6　留位置求解图示三

由黄经逆时针度量可知,图6.5中 θ 即表示黄经,也就是 $\angle CEM$。因为射线 EC 方向固定,只需要看射线 EM 的指向变化就可以判断 $\angle CEM$ 的大小变化。

不难发现,当运动后的 $E'M'$ 与原来的 EM 平行时,$\angle CEM$ 不变,也即黄经不变,是为留。当 $E'M'$ 指向原先 EM 的上方时,黄经增加,为顺行。当 $E'M'$ 指向原先 EM 的下方时,黄经减少,为逆行。

(注意:这里的"上方""下方"只对应图6.5,若地球与火星位于其他位置,上下可能会颠倒。)

现在求解临界点——留。要使 $E'M'$ 与 EM 平行,需要满足的条件是 v_E 在垂直 EM 方向(图中虚线指向)上的分量等于 v_M 在垂直 EM 方向上的分量。所以有

$$v_E\cos\theta = v_M\cos\alpha$$

在 $\triangle SEM$ 中,由正弦定理有

$$\frac{\sin\alpha}{SE} = \frac{\sin(\pi-\theta)}{SM} = \frac{\sin\theta}{SM}$$

由外角的性质有

$$\angle ESM = \theta - \alpha$$

令

$$\frac{SE}{SM}=\frac{\sin\alpha}{\sin\theta}=x$$

$$\frac{v_{\rm E}}{v_{\rm M}}=\frac{\cos\alpha}{\cos\theta}=y$$

则有

$$\begin{aligned}\cos\angle ESM &= \cos(\theta-\alpha)\\ &= \sin\theta\sin\alpha+\cos\theta\cos\alpha\\ &= x\sin^2\theta+y\cos^2\theta\end{aligned}$$

现在的目的是消掉 $\cos\theta$ 与 $\sin\theta$,联立

$$\cos^2\alpha+\sin^2\alpha=1$$

$$x^2\sin^2\theta+y^2\cos^2\theta=1$$

$$\cos^2\theta+\sin^2\theta=1$$

可以化简出结果

$$\cos\angle ESM=\frac{1+xy}{x+y}$$

注意:此处 x 与 y 的定义都是地球的比火星的。

6.2.2　行星顺逆行定性分析

上面的计算或许有些难,实际上这个过程用到的天文知识很少,更多的是数学分析与化简。即使看不懂也没有关系,只需要定性地了解行星在什么位置顺行、什么位置逆行即可。

对地内行星,上合、大距时一定顺行,下合一定逆行,留发生在大距与下合之间。

对地外行星,合日、方照时一定顺行,冲一定逆行,留发生在方照与冲之间。

这一点可以通过上述计算时的分析推断。当运动后的 $E'M'$ 与原来的 EM 平行时,$\angle CEM$ 不变,也即黄经不变,为留;当 $E'M'$ 指向原先 EM 的上方时,黄经增加,为顺行;当 $E'M'$ 指向原先 EM 的下方时,黄经减少,为逆行。自己画图即可推断出来。

又或许,可以作出火星相对地球的速度方向,若该相对速度指向 EM 连线

的逆时针方向(对应图6.4便是指向图中 EM 上方),则下一刻火星相对地球是往黄经增加的方向运动,此时为顺行;若该相对速度指向 EM 连线的顺时针方向,则此时为逆行。

通过画出相对速度,很容易发现,逆行只发生在下合或冲附近,其他位置都为顺行。

另外补充“合”的定义,当两个天体的黄经相同且相距较近时,称为“合”。也就是说,合不需要两个天体互相遮挡。黄道附近有大概五颗亮恒星(毕宿五、轩辕十四、角宿一、心宿二、北河三),当行星和月亮与它们黄经相同时,称为合,如月合毕宿五。

6.3 习　　题

1. (2003年决赛低年组第1题)水星到太阳的距离是0.387天文单位,2003年5月7日发生了一次水星凌日,请问在此之后,水星第一次到达东大距和西大距各是大约多少天之后?

2. (天文学习题与练习汇编,第412题,有删节)1937年7月1日,木星的的日心经度是291°,地球的日心经度是279°。试确定9月1日,木星在天空中的视位置。

第7章　行星轨道运动

7.1　开普勒三大定律

7.1.1　开普勒第一定律

开普勒第一定律又称为椭圆定律，如图7.1所示。其内容为：所有行星绕太阳的轨道都是椭圆，太阳在椭圆的一个焦点上。

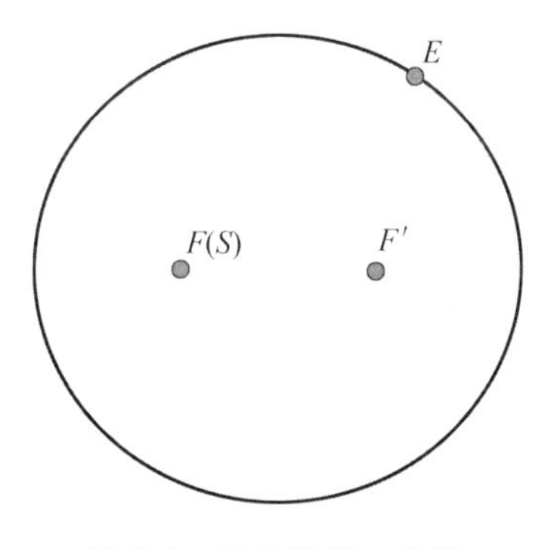

图7.1　开普勒第一定律

若行星轨道为圆，则恒星位于圆心上。事实上，行星轨道基本为椭圆轨道，因为圆轨道不稳定，只要受到系统外界一点扰动就会变成椭圆轨道。

7.1.2　开普勒第二定律

开普勒第二定律又称为面积定律，如图7.2所示。其内容为：行星和太阳的连线在相等的时间间隔内扫过的面积相等。其数学形式为

$$v \cdot r \cdot \sin\theta = C \tag{7.1}$$

式中，v 为行星某时刻的公转速度；r 为该时刻行星和太阳的距离；θ 为行星速度与行星－太阳连线的夹角；C 为常数。

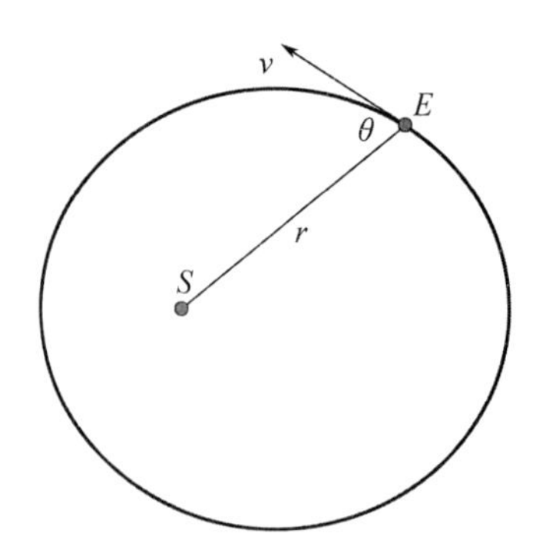

图 7.2　开普勒第二定律

开普勒第二定律的数学形式可以直接由角动量守恒推出,行星的角动量(矢量)满足

$$\boldsymbol{L} = m\boldsymbol{r} \times \boldsymbol{v} = C_1 \tag{7.2}$$

注意 $\boldsymbol{r}$ 和 $\boldsymbol{v}$ 的顺序不能颠倒。将其化为数量式有

$$L = mrv\sin\theta = C_1 \tag{7.3}$$

对于同一颗行星,其质量 m 为常数,所以 $vr\sin\theta$ 就为常数。由数学形式推导面积定律的文字表示,即单位时间内扫过面积相等,有

$$\frac{\mathrm{d}S}{\mathrm{d}t} = \frac{1}{2}\frac{r\mathrm{d}l}{\mathrm{d}t} = \frac{1}{2}rv\sin\theta = C \tag{7.4}$$

开普勒第二定律推导如图 7.3 所示,$\triangle SBE$ 的面积即为单位时间内扫过的面积,因为时间极短,可认为 $\triangle SBE$ 为直角三角形。

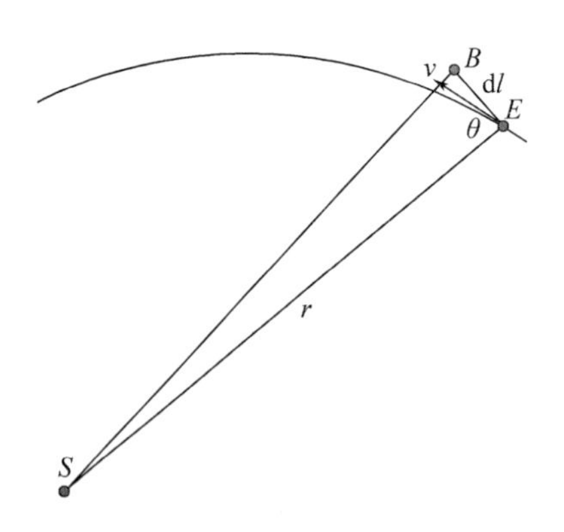

图 7.3　开普勒第二定律推导

注意:如果要用行星的角速度 ω 来代替线速度 v,高中用的转化式

$$v = \omega r$$

并不适用与椭圆轨道,只适用于圆轨道。对于椭圆轨道,w 与 v 的关系满足

$$v\sin\theta = \omega r \tag{7.5}$$

式中,θ 的定义与上述的定义相同。圆轨道时 $\sin\theta = \sin\frac{\pi}{2} = 1$。

所以开普勒第二定律的数学形式可以转化成

$$\omega r^2 = C \tag{7.6}$$

同样的转化适用于角动量。

7.1.3　开普勒第三定律

开普勒第三定律又称为调和定律。其内容为:所有行星绕太阳一周的恒星时间的平方与它们轨道半长轴的立方成比例。该定律适用于任何有中心天体的模型。数学形式为

$$\frac{a^3}{T^2} = C \tag{7.7}$$

对于圆轨道,开普勒第三定律可用高中阶段的知识推出。

对公转轨道为圆轨道的行星,有

$$F_{引力} = F_{向心力}$$

$$\frac{GMm}{r^2} = m\frac{4\pi^2}{T^2}r$$

所以

$$\frac{r^3}{T^2} = \frac{GM}{4\pi^2} = C$$

圆轨道中,半径 r 即为半长轴 a。

对于椭圆轨道,下面提供一种从开普勒第二定律推导开普勒第三定律的方法。

设 A、B 分别为行星轨道的远日点和近日点,用 S_A 和 S_B 分别表示行星在该点的面积速度,图7.4所示为近、远日点速度。由于速度沿轨道切线方向,可知 v_A 和 v_B 的方向均与椭圆的长轴垂直,即 $\theta = \frac{\pi}{2}$,则行星在此两点时对应的

面积速度为

$$S_A = \frac{1}{2}r_A \cdot v_A = \frac{1}{2}(a+c) \cdot v_A$$

$$S_B = \frac{1}{2}r_B \cdot v_B = \frac{1}{2}(a-c) \cdot v_B$$

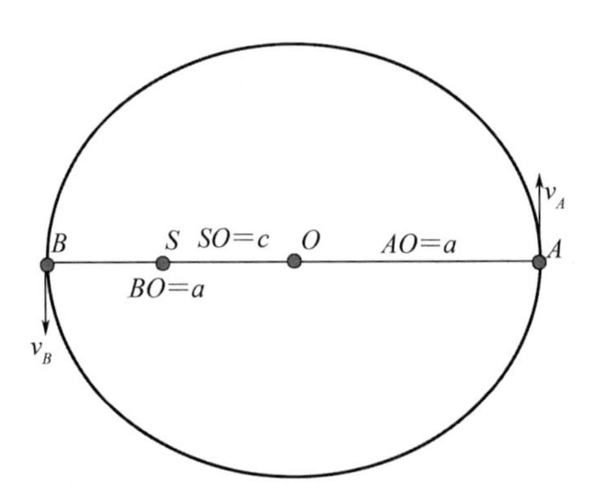

图 7.4　近、远日点速度

根据开普勒第二定律 $S_A = S_B$，有

$$v_B = \frac{a+c}{a-c}v_A \tag{7.8}$$

由行星机械能守恒有

$$E_A = \frac{1}{2}mv_A^2 - \frac{GMm}{r_A}$$

$$= \frac{1}{2}mv_A^2 - \frac{GMm}{a+c}$$

$$E_B = \frac{1}{2}mv_B^2 - \frac{GMm}{r_B}$$

$$= \frac{1}{2}mv_B^2 - \frac{GMm}{a-c}$$

$$E_A = E_B$$

所以有

$$v_B^2 - v_A^2 = 2GM\left(\frac{1}{a-c} - \frac{1}{a+c}\right) \tag{7.9}$$

联立式(7.8)消掉 v_B(消去 v_A 也可以)，有

$$v_A^2 = \frac{(a-c)GM}{a(a+c)} \tag{7.10}$$

可以得到行星在轨道任意一点的面积变化率为

$$\begin{aligned}\frac{\mathrm{d}S}{\mathrm{d}t} = S_A &= \frac{1}{2}(a+c)\cdot v_A \\ &= \frac{1}{2}(a+c)\sqrt{\frac{(a-c)GM}{a(a+c)}} \\ &= \frac{1}{2}\sqrt{\frac{(a^2-c^2)GM}{a}} \\ &= \frac{b}{2}\sqrt{\frac{GM}{a}}\end{aligned}$$

因为面积变化率为常数,用总面积除以面积变化率,即可得到时间,也就是周期 T 为

$$\begin{aligned}T = S_{椭圆}\cdot\frac{\mathrm{d}s}{\mathrm{d}t} &= \frac{\pi ab}{\frac{b}{2}\sqrt{\frac{GM}{a}}} \\ &= 2\pi a\sqrt{\frac{a}{GM}}\end{aligned}$$

两边平方可得

$$\frac{a^3}{T^2} = \frac{GM}{4\pi^2} \tag{7.11}$$

式(7.11)即为开普勒第三定律。

7.2　活力公式

7.2.1　活力公式

行星的公转速度满足活力公式:

$$v^2 = G(M+m)\left(\frac{2}{r}-\frac{1}{a}\right) \tag{7.12}$$

式中,G 为万有引力常量;M 为恒星质量;m 为行星质量;r 为天体间的距离;a 为轨道半长轴。

活力公式除了对恒星 - 行星系统适用外，对其他二体系统也适用，如地月系。对大多数恒星 - 行星系统，$G(M+m)$ 中的 m 可以忽略。即

$$v^2 = GM\left(\frac{2}{r} - \frac{1}{a}\right) \tag{7.13}$$

7.2.2 活力公式的推导

活力公式的推导可以采用上述推导开普勒第三定律的思路，用近日点与远日点的能量守恒关系推导。因为前面已经推导过一些中间结论，此处直接应用。

将式(7.10)，即

$$v_A^2 = \frac{(a-c)GM}{a(a+c)}$$

代入行星轨道能量守恒式

$$\frac{1}{2}mv^2 - \frac{GMm}{r} = \frac{1}{2}mv_A^2 - \frac{GMm}{r_A}$$

化简得到

$$v^2 = \frac{GM(a-c)}{a(a+c)} - \frac{2GM}{a+c} + \frac{2GM}{r} = GM\left(\frac{2}{r} - \frac{1}{a}\right)$$

$$v^2 = GM\left(\frac{2}{r} - \frac{1}{a}\right) \tag{7.14}$$

7.3 行星轨道能量

行星轨道能量特指行星公转过程中具有的能量，即排除行星自转等动能。由活力公式可导出椭圆轨道行星的能量公式为（其实这两个公式没有先后之分，也可以先推导出行星轨道能量公式，再导出活力公式）

$$\begin{aligned} E &= \frac{1}{2}mv^2 - \frac{GMm}{r} \\ &= \frac{1}{2}mGM\left(\frac{2}{r} - \frac{1}{a}\right) - \frac{GMm}{r} \\ &= -\frac{GMm}{2a} \end{aligned}$$

$$E = -\frac{GMm}{2a} \tag{7.15}$$

行星轨道均为椭圆轨道或圆轨道,a 表示轨道半长轴,轨道能量为负值,表示行星无法脱离恒星的引力束缚。对其他天体(彗星或系外天体等),轨道可能为抛物线或双曲线。

抛物线轨道的 a 为正无穷,无实际物理意义,由于除数为无穷,抛物线轨道能量为 0,说明天体恰好能够脱离中心天体引力束缚。

双曲线轨道 a 指半实轴,不过为负值,所以双曲线轨道能量为正值,说明天体脱离中心天体引力束缚后仍有动能。

7.4　圆锥曲线极坐标方程

7.4.1　椭圆极坐标方程

行星椭圆轨道极坐标方程为

$$\rho = \frac{a(1-e^2)}{1-e\cos\theta} \tag{7.16}$$

式中,ρ 为恒星与行星的距离;a 为轨道半长轴;e 为轨道离心率;θ 为极角。该形式中极坐标的极点为近日点附近的焦点,极轴与轨道长轴重合。

图 7.5 所示为以焦点为极点的椭圆。

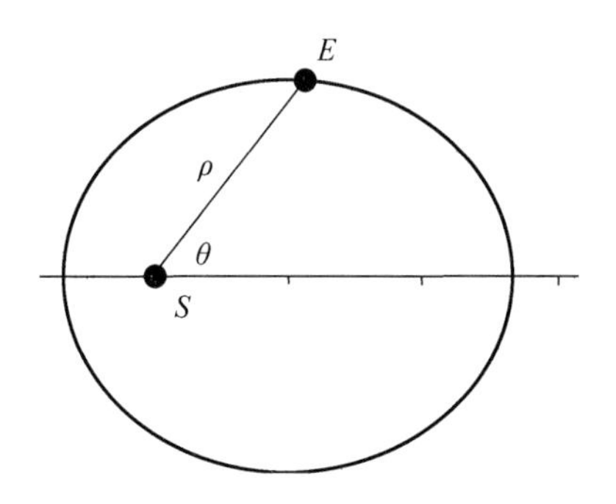

图 7.5　以焦点为极点的椭圆

(注:高考解析几何小题也可用该式。)

轨道极坐标方程在求恒星与行星距离时非常好用,通常会结合活力公式求行星在某一点的速度。

7.4.2 椭圆极坐标方程的推导

运用高中解析几何的知识即可推出如下结论。

椭圆标准方程:

$$\frac{x^2}{a^2}+\frac{y^2}{b^2}=1$$

将椭圆向右移 c 个单位,使原点与焦点重合,则

$$\frac{(x-c)^2}{a^2}+\frac{y^2}{b^2}=1$$

将 $x=\rho\cos\theta, y=\rho\sin\theta$ 代入,有

$$(1-e^2\cos^2\theta)\rho^2-2c(1-e^2)\cos\theta\rho-a^2(1-e^2)^2=0$$

解该一元二次方程

$$\begin{aligned}\Delta&=4c^2(1-e^2)^2\cos^2\theta-4(1-e^2\cos^2\theta)[-a^2(1-e^2)^2]\\&=4a^2(1-e^2)^2\end{aligned}$$

$$\begin{aligned}\rho&=\frac{2c(1-e^2)\cos\theta+\sqrt{\Delta}}{2(1-e^2\cos^2\theta)}\\&=\frac{a[(1-e^2)e\cos\theta+(1-e^2)]}{1-e^2\cos^2\theta}\\&=\frac{a(1-e^2)(1+e\cos\theta)}{(1-e\cos\theta)(1+e\cos\theta)}\\&=\frac{a(1-e^2)}{1-e\cos\theta}\end{aligned}$$

即可得到椭圆极坐标方程(因为 $\rho>0$,舍去了一个解)。双曲线与抛物线的极坐标方程用的很少,此处不列出。

7.5 习　　题

1.(2004 年决赛低、高年组第 13 题)假设一颗小行星 2003 年 3 月 12 日在午夜上中天时发现,昨天晚上观测到该小行星又一次在午夜上中天。试求该

小行星到太阳的距离(假定圆轨道)。(提示:考试时间是 2004 年 5 月 3 日)

2. (2007 年全国决赛低年组第 15 题)一个距离地球 10 光年的行星绕着一颗恒星旋转(轨道是圆形),恒星的质量与太阳相当,天文学家们测得这颗行星的公转速度为 20 km/s,并且行星的质量远远小于恒星质量。在地球上观测,该行星与恒星之间的最大张角为多少度?

第 8 章　天球坐标系与球面三角形

本章主要介绍如何选取合适的坐标系及如何找到有关的球面三角行进行问题的求解，主要涉及两个步骤：选取合适的坐标系；找到有关的球面三角形并求解。对于选取合适的坐标系，如何从陌生的、复杂的题目中抽象出模型是关键，重点是对不同坐标系（或它们之间的结合）的优缺点和使用场景的了解；对于找到有关的球面三角形并求解，重点是对球面三角形的熟悉程度，需要对公式的意义有着清晰的认知。

8.1　极坐标系

8.1.1　极坐标系

极坐标系与平面直角坐标系一样，是一种二维坐标系。一个坐标系是几维的，它就有几个度量，对于面坐标系而言，一般设立两个约束量来规定面上的一个点，从而得出其精确位置。平面直角坐标系中的两个度量都为距离——坐标点到 x 轴的距离和到 y 轴的距离，极坐标系中的两个度量分别为距离和角度——坐标点到极点的距离和与极径的夹角。

平面直角坐标系和极坐标系可以互相转化（图 8.1），这种互相转化的方法在处理轨道问题中非常常见。对于双曲线轨道而言，一般用极坐标系来描述其轨迹方程，这样可以很便捷地反映出各个轨道量。

8.1.2　柱坐标系与球坐标系

极坐标系是把二维直角坐标系中的一个度量由距离变为角度。同样的，改变三位直角坐标系三个距离度量中的某几个，可以得到两种新的坐标

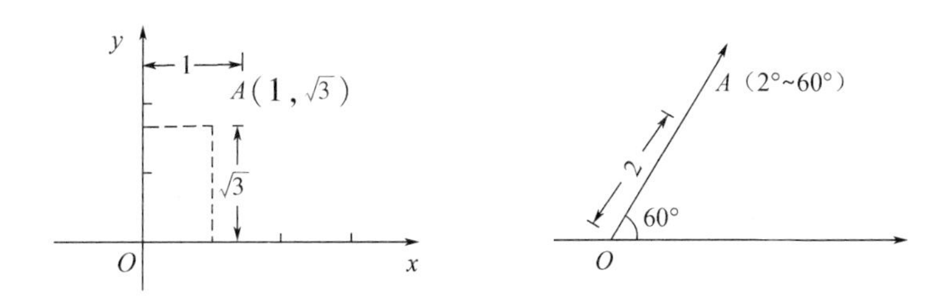

图 8.1　平面直角坐标系与极坐标系的互相转化

系——柱坐标系和球坐标系。

柱坐标系是两个距离度量和一个角度度量，只做简单了解即可。柱坐标系顾名思义用来表示柱形结构的坐标，如图 8.2 所示。

重点学习球坐标系，这才是与平常说的天球坐标系联系紧密的一个数学知识。球坐标系是一个距离度量和两个角度度量，如图 8.3 所示。距离度量为坐标点到极点的距离，角度度量的起点和度量方向有多种选取方式。

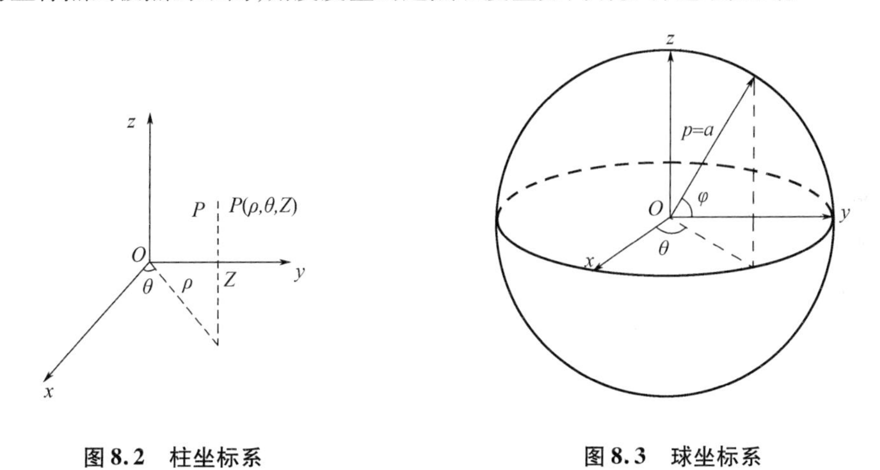

图 8.2　柱坐标系　　图 8.3　球坐标系

8.2　天球坐标系

天球是一个以观测者为中心的、半径为无限远的假想球面。平常所见的天空中的物体都可以视作其本身在天球上的投影，如图 8.4 所示。

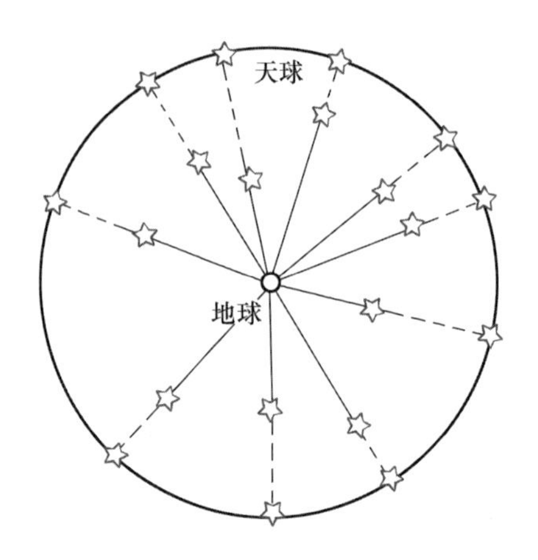

图 8.4　天体投影到天球

天球是一个球面，非常适合用球坐标系表示天球上的物体的坐标，其表示形式为(ρ,θ,φ)，又因为天球上的点到极点的距离ρ是一个定值（无限长），所以可以把ρ这个度量省略，表示为(θ,φ)。为了方便描述，暂且把θ称为方位角，把φ称为仰角，以区别这两个角度度量。后面不同的天球坐标系的这两个度量都有特定的名字。不同天球坐标系的区别主要在于方位角、仰角的度量方式以及观测者的位置（地表、地心、日心、银心）。方位角、仰角的度量方式与基本大圆（基本轴）和基本点有关，以地面坐标也就是地球的经纬度系统为例，其基本轴是地球自转轴，基本大圆是地球赤道，基本点是格林尼治天文台所在地。

①基本大圆。过球心的某个圆，仰角是坐标点与极点的连线（OP）与基本大圆所在平面（面xOy）的夹角。

②基本轴。垂直于基本大圆且过球心的直线，基本大圆和基本轴表示同一个内容。有时不用仰角，而用坐标点与基本轴的夹角来表示这方面的度量，这个时候称为天顶角。天顶角和仰角互余。

③基本点。球面上方位角为$0°$的某个点，方位角从基本点或顺时针或逆时针开始度量。

8.3　常用天球坐标系

常用天球坐标系见表 8.1。

表 8.1　常用天球坐标系

坐标系	地平坐标系	赤道坐标系	时角坐标系	黄道坐标系	银道坐标系
基本轴	铅垂线	地球自转轴	地球自转轴	略	略
基本大圆	地平圈	天赤道	天赤道	黄道	银道
基本点	北天极或南天极	春分点	上点	春分点	人马座 A*
方位角	方位角 A	赤经 α	时角 t	黄经	银经
方位角方向	顺时针	逆时针	顺时针	逆时针	逆时针
方位角范围	0°～360°	0 h～24 h	0 h～24 h	0°～360°	0°～360°
仰角	地平高度 h （或天定距 z）	赤纬 δ	赤纬	黄纬	银纬
仰角范围	-90°～90°	-90°～90°	-90°～90°	-90°～90°	-90°～90°

8.3.1　地平坐标系

地平坐标系的观测者位于地球表面。图 8.5 所示为地平坐标系示意图。

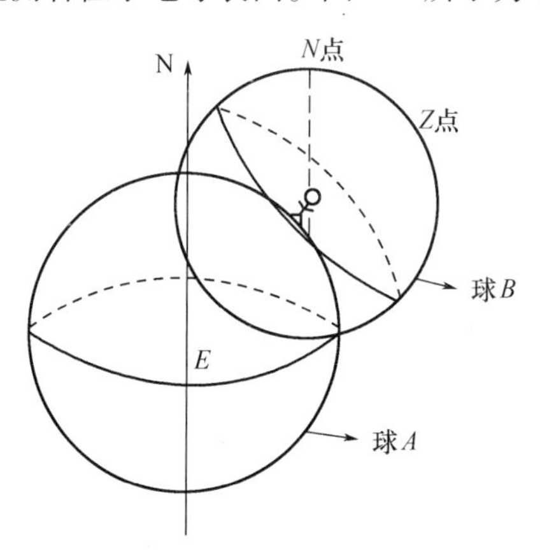

图 8.5　地平坐标系示意图

图 8.5 中，观测者现站在北半球地表上，观测者头顶指向的这条直线即基本轴，由此确定天顶距 z 或地平高度 h。地平坐标系的方位角 A 从基本点顺时针度量，即北→东→南→西绕一圈。基本点有两种可能——北天极或南天极，具体情况题目会给出。

N 点和 Z 点所在的大圆称为子午圈，当天体经过子午圈时，天体的地平高度为一天中最高的或最低的。最高的一次为上中天，最低的一次为下中天。

地平坐标系的优点是比较直观，观测时根据北极星的位置确定北点、南点和天顶的位置就可以建立地平坐标系，在此基础上天体的方位角和地平高度很容易判断，借助星图软件中的实时方位角和地平高度可以迅速确定目标位置。地平坐标系的缺点是因时因地变化，天体的方位角和地平高度每时每刻都在变化，且地表不同地点处方位角和地平高度也是不同的。

8.3.2 赤道坐标系

赤道坐标系的观测者位于地心。图 8.6 所示为赤道坐标系示意图。

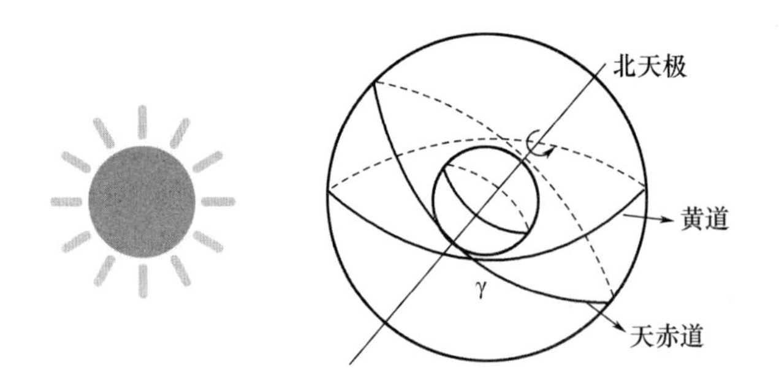

图 8.6 赤道坐标系示意图

图 8.6 中给出了冬至时太阳与地球的相对位置图。赤道坐标系的基本大圆为天赤道——地球赤道平面与天球的相交圆，基本点为春分点——春分节气时太阳在天球上的位置，用白羊座符号 γ 表示。春分点又称为升交点，因为这是天球上太阳沿黄道从天赤道下移动到天赤道上的点。与之对应的，秋分点又称降交点。黄道指的是天球上太阳一年中的运行轨迹大圆。赤经 α 从春分点逆时针度量。

这里表示赤经以及时角坐标系中的时角时不用“°”来描述，而用另一种角度单位时角 h、时分 min、时秒 s，1 h = 15°、1 min = 15′ = 0.4°、1 s = 15″，这种表示方式对于求时间有一定好处，但在计算时是一个负担（因为计算器内部只有角度值与弧度值）。赤道坐标系没有地平坐标系那样直观，因此很难确定。但是赤道坐标系与观察者所在位置无关，所以在任何地点观察都是一样的。赤道坐标系的基本大圆和基本点都与天体一起参与东升西落的周日视运动，因此赤道坐标系不会因时因地变化，这一点刚好与地平坐标系的缺点互补。

8.3.3　黄道坐标系

黄道坐标系的观测者有两种情况，一种位于日心，另一种位于地心。相对应地，建立起的坐标系称为日心黄道坐标系和地心黄道坐标系。一般来说，情景与行星有关时，让观测者位于日心；情景与太阳运动有关时，让观测者位于地心（当然具体情况还是要具体分析）。图 8.7 所示为黄道坐标系示意图。

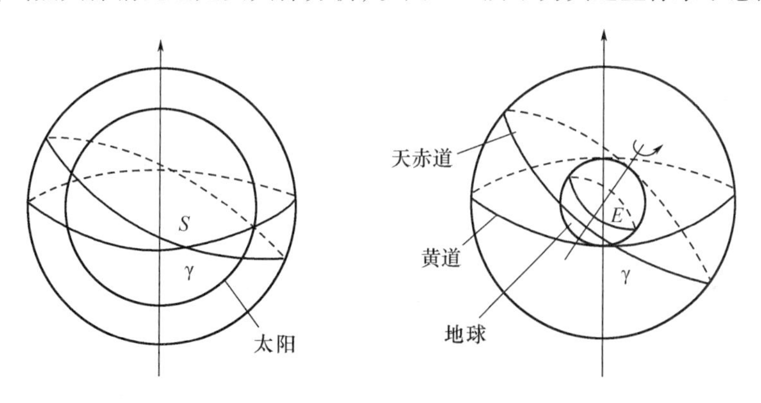

图 8.7　黄道坐标系示意图

图 8.7 同样给出了冬至时太阳与地球的相对位置图。黄道坐标系的基本大圆为黄道，基本点为春分点，黄经 λ 由春分点开始逆时针度量。地球绕太阳公转方向为逆时针，这也可以说成太阳“绕”地球转动的方向为逆时针，即太阳在天球上逆时针运动。所以一年（干支纪年法，春分点开始新的一年）中太阳黄经一直增加。同时因为基本大圆为黄道，太阳的黄纬恒为 0。

另外，太阳系行星公转方向均为逆时针，定义行星顺行为行星黄经增加，行星逆行为行星黄经减少。

赤道坐标系和黄道坐标系的优缺点是一样的。坐标系的基本大圆和基本点都是固定不动的，观测者被定在地心或日心，所以恒星和深空天体的坐标是基本不变的（恒星自行会使自身坐标有一定改变，但大多可忽略）。缺点是观测时很难判断出春分点的位置，所以即使知道了天体的赤经赤纬或黄经黄纬，也难以确定其位置。

8.3.4　时角坐标系

时角坐标系相当于地平坐标系与赤道坐标系的结合。此时观测者位于地表。图 8.8、图 8.9 所示为时角坐标系示意图。

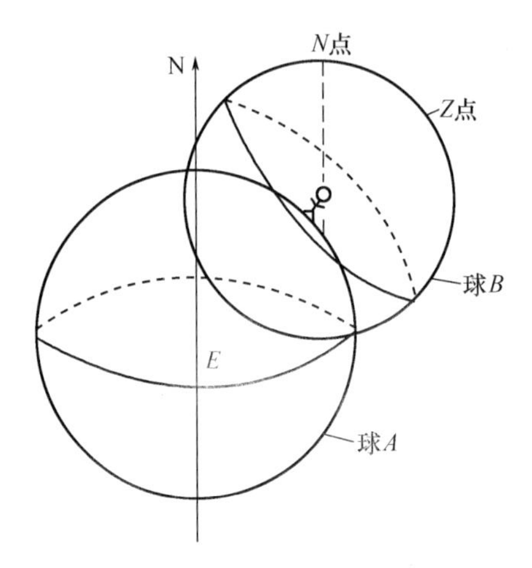

图 8.8　时角坐标系示意图一

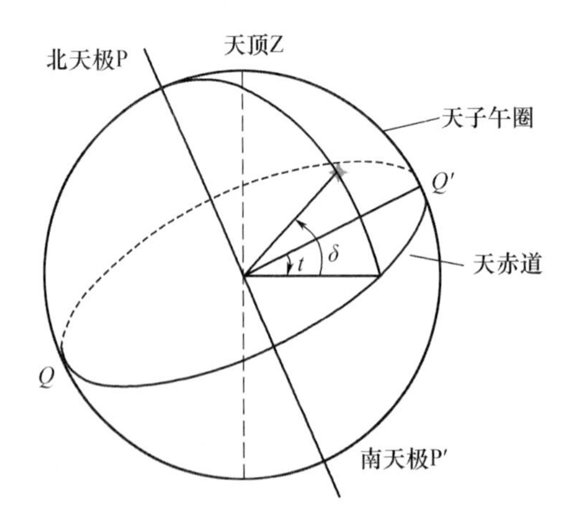

图 8.9　时角坐标系示意图二

时角坐标系的基本大圆与赤道坐标系一样为天赤道，基本点则类似于地平坐标系的。时角坐标系的基本点为上点。子午圈与天赤道有两个交点 Q 与 Q'，其中在地平圈上方的交点 Q' 称为上点。与地平坐标系的方位角 A 类似，时角 t 为顺时针度量。

时角坐标系中有两个特殊点：天体上中天时，时角为 0 h；天体下中天时，时角为 12 h。时角为 0 ~ 12 h 时，天体位于西边；时角为 12 ~ 24 h 时，天体位于东边。有时题目求天体的升起时间，运用后面讲到的球面三角计算公式，可以解出 $\cos t$，而运用反三角函数由 $\cos t$ 求 t 时，会有多个解。这时就根据“升起”这个条件判断天体位于东边，要取位于 12 ~ 24 h 的 t。

这里可以思考一个问题：时角坐标系是地平坐标系与赤道坐标系的结合，为什么基本大圆学习赤道坐标系，而基本点学习地平坐标系呢？如果反过来，基本大圆学习地平坐标系，基本点学习赤道坐标系，会出现一个什么样的坐标系？

8.4　球面三角形计算

8.4.1　球面基本概念

学习球面三角形的计算之前要先了解球面的一些基本概念。图 8.10 所示为球面示意图。

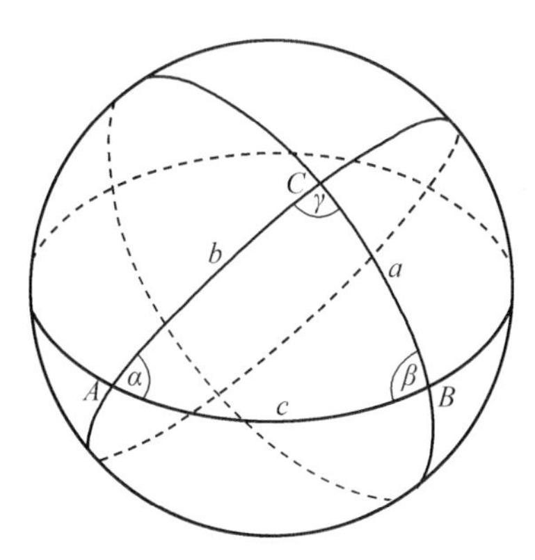

图 8.10　球面示意图

①大圆。大圆指球上过球心的平面与球面的相交圆，如图 8.10 中的三个圆均为大圆。不过球心的圆（如地球上北纬 23.5°的一圈）称为小圆，小圆不属于这节课所讲的球面计算的内容。

②球面角。球面角指球面上两个大圆之间的夹角。两个大圆会形成两个互补的角，具体用哪个角视情况而定。

③球面三角形。由球面上任意三点可以确定一个球面三角形，该三角形的边均为大圆的一段，角为前面取的三个点引出的角。球面三角形的边为大圆说明球面上两点只能确定一条边。

④球面边的角度表示。利用扇形中的关系式 $l = R \cdot \theta$，加上天球坐标系中 R 是一个定值，可以用 θ 直接表示球面边。由此球面三角形的三个角和三条边都用角度来表示，如图 8.11 所示。

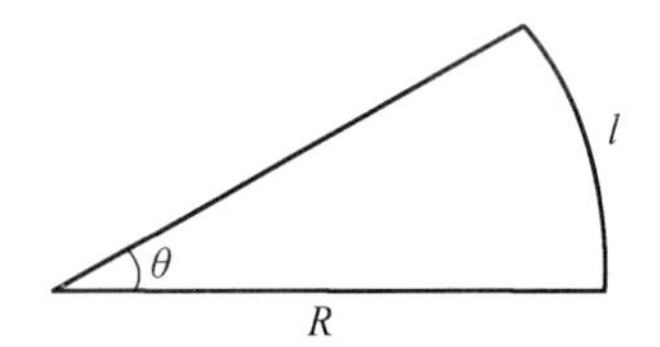

图 8.11　球面边的角度表示

8.4.2　球面三角形基本公式

球面三角形（图 8.12）的所有计算可以用如下三个基本公式解决。

（1）正弦公式为

$$\frac{\sin a}{\sin A} = \frac{\sin b}{\sin B} = \frac{\sin c}{\sin C} \tag{8.1}$$

（2）边的余弦公式为

$$\cos a = \cos b \cdot \cos c + \sin b \cdot \sin c \cdot \cos A \tag{8.2}$$

（3）角的余弦公式为

$$\cos A = -\cos B \cdot \cos C + \sin B \cdot \sin C \cdot \cos a \tag{8.3}$$

图 8.12 中 a、b、c 表示球面边（但均用角度表示）；A 、B、C 表示球面角。

分析上面的公式可以发现，只需要知道三边三角中的任意三个条件就可以解这个三角形。这一点区别于平面三角形，平面三角形存在相似，而球面三

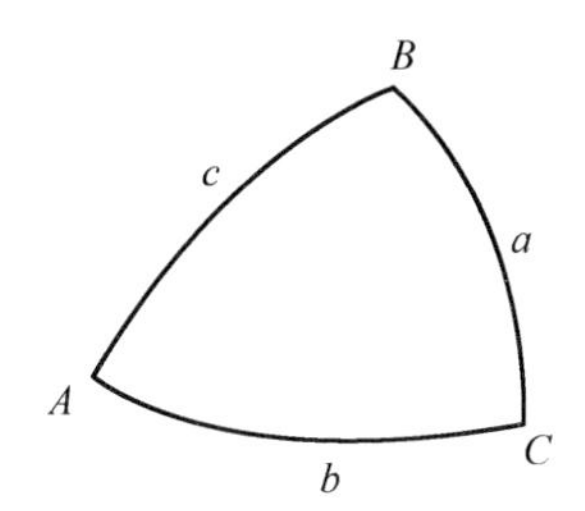

图 8.12　球面三角形

角形不存在相似。

下面梳理各种情况下解出其他三个条件的思路。

(1)已知三个角 A、B、C。运用角的余弦公式解出 a,再用正弦公式解出 b、c,当然再用两次角的余弦公式也可以解出,但计算量大。

(2)已知两条边 b、c 和其夹角 A。运用边的余弦公式解出 a,再运用正弦公式解出 B、C。

(3)已知两条边 b、c 和一个对角 B。运用边的余弦公式求出 $\sin a$ 与 $\cos a$ 的关系式,联立 $\sin^2 a+\cos^2 a=1$ 解出 a。

(4)已知三条边 a、b、c。运用边的余弦公式解出 A,再用正弦公式解出 B、C。

(5)已知两个角 B、C 和其夹边 a。运用角的余弦公式解出 A,再运用正弦公式解出 b、c。

(6)已知两个角 B、C 和一条对边 b。运用角的余弦公式求出 $\sin A$ 与$\cos A$ 的关系式,联立 $\sin^2 a+\cos^2 a=1$ 解出 A,再运用正弦公式解出 c 与 a。(若题目只解 c 则不需要角的余弦公式)

解球面三角题目时,先把已知和待求在天球示意图中标注出来,然后提取出球面三角形,分析是以上六种情况中的哪一种,代入即可解决。

8.4.3　球面三角形例题

(1)已知 A 星赤纬为 δ,求纬度为 φ 的地方该星落山时的视角 t。

解　例题 1 图示如图 8.13 所示

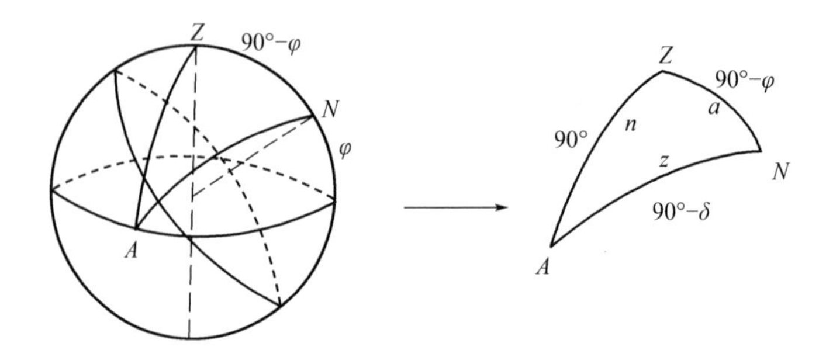

图 8.13 例题 1 图示

在球面三角形 AZN 中，由边的余弦公式有

$$\cos n = \cos a \cos z + \sin a \sin z \cos N$$

$$\cos 90^\circ = \cos(90^\circ - \varphi)\ (90^\circ - \delta) + \sin(90^\circ - \varphi)\ \sin(90^\circ - \delta)\ \cos N$$

$$0 = \sin\varphi \sin\delta + \cos\varphi \cos\delta \cos N$$

所以

$$\cos N = \frac{\sin\varphi \sin\delta}{-\cos\varphi \cos\delta} = -\tan\varphi \tan\delta$$

因为

$$t + N = 360^\circ$$

所以

$$\cos t = \cos N = -\tan\varphi \tan\delta$$

(2)已知太阳黄经为 λ，黄赤交角为 ε，求太阳此时的赤纬 δ 与赤经 α。

解 例题 2 图示如图 8.14 所示。

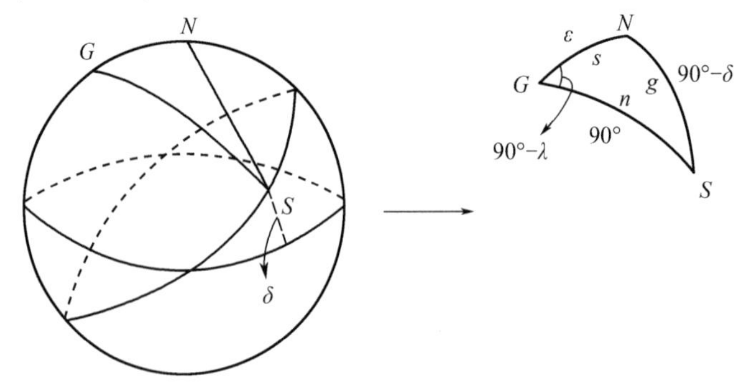

图 8.14 例题 2 图示

在球面三角形 GNS 中，由边的余弦公式有

$$\cos g = \cos s \cos n + \sin s \sin n \cos G$$

$$\cos(90^\circ - \delta) = \cos \varepsilon \cos 90^\circ + \sin \varepsilon \sin 90^\circ \cos(90^\circ - \lambda)$$

$$\sin \delta = \cos \varepsilon + \sin \varepsilon \sin \lambda$$

$$\sin \delta = \sin \varepsilon \sin \lambda$$

在球面三角形 GNS 中，由正弦公式有

$$\frac{\sin N}{\sin n} = \frac{\sin G}{\sin g}$$

$$\frac{\sin N}{\sin 90^\circ} = \frac{\sin(90^\circ - \lambda)}{\sin(90^\circ - \delta)}$$

$$\frac{\sin N}{\sin 90^\circ} = \frac{\cos \lambda}{\cos \delta}$$

因为

$$N = 90^\circ + \alpha$$

所以

$$\cos \alpha = \sin N = \frac{\cos \lambda}{\cos \delta}$$

这两道例题最后的结论比较简洁，可以作为二级结论记下，题目很多也是这两种情况的组合。

如一个很典型的问法：今天为夏至，求今天汕头日出的时间？

题目给出节气，其实变相给出了太阳黄经 λ。二者虽有一定差别（因为地球公转轨道不是绝对圆形），但误差基本可以忽略。先按照（2）中的流程，求出太阳赤纬 δ 与赤经 α。再按照（1）中的流程可解出太阳升到地平线时的时角 t。t 与 0 h（太阳上中天）的差值可估计为日出与 12 h（正午）的差值。由此解出日出时间。

（3）已知 P 星赤纬 $\delta = -26^\circ 28' 30''$，8 月 17 号某地 21:00 时其地平高度为 $h = 33^\circ 40'$，方位角为 $A = 30^\circ$（以南天极为基本点），问该星在当天平太阳时什么时候上中天。

解　例题 3 图示如图 8.15 所示。

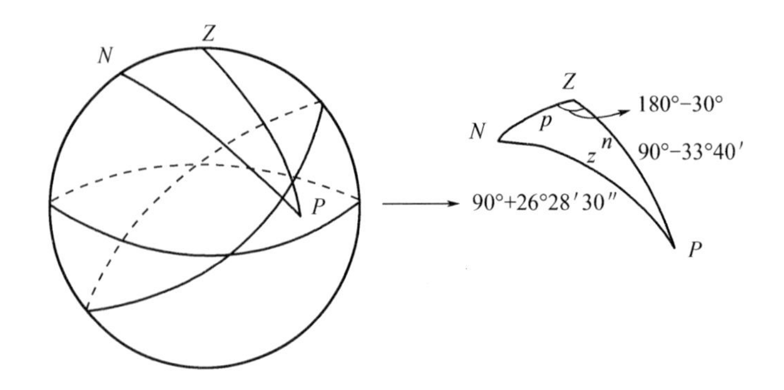

图 8.15　例题 3 图示

$$180° - 30° = 150°$$

$$90° - 33°40' = 56.3°$$

$$90° + 26°28'30'' = 116.5°$$

在球面三角形 NZP 中，由正弦公式有

$$\frac{\sin N}{\sin 56.3} = \frac{\sin 150°}{\sin 116.5°}$$

所以有

$$\sin N = 0.46$$

计算可得

$$t = N = 1\ \text{h}\ 49\ \text{min}\ 32\ \text{s}$$

因为 P 星上中天时时角为

$$t' = 0\ \text{h}$$

所以有

$$\Delta_{\text{平太阳时}} \approx 1\ \text{h}\ 49\ \text{min}\ 32\ \text{s}$$

可得，P 星上中天时的平太阳时为 19 h 10 min 28 s。

8.5　习　　题

1.（2010 年决赛低年组第 14 题）测太阳知位置。5 月 19 日，在船上用六分仪测得太阳上中天的时间 5 h 47 min，这是船上的一只格林尼治恒星时钟显示的时间,同时测得太阳上中天时的天顶距为 $16°25'$。按照航海天文历书,查得在这一天的这一时刻,太阳的坐标为赤经 $\alpha = 3$ h 45 min、赤纬 $\delta = 19°49'$。试确定这艘船所在处的经度和纬度。

2. 拉包尔椰子树下的南十字星。有一首日文歌曲,名称是《拉包尔小调》。歌词中唱到“如果看到那座小岛,就怀念起(南)十字星下椰子树影”。

拉包尔现在是巴布亚新几内亚共和国的一个城市,位于南纬 4°。假如在南十字星座上中天时(星座的最北处在赤纬 $-55°$附近),观察到南十字星座位于一株椰子树树冠的正下方,这株树距离观察点 30 m,观察者的平均身高为 1.7 m。求这株树的高度大约不低于多少 m?

第9章　恒星与行星的形成

9.1　星 际 物 质

在天文学中,星际物质是指存在于星系的恒星系统之外的,在太空中的物质和辐射。这些物质的形式包括电离的气体、原子和分子,以及宇宙尘和宇宙射线。它们填充了星际空间,并且顺利地融入周围的星系际空间。

星际物质主要由氢组成,其次是氦,还有相较于氢是微量的碳、氧和氮。这些元素的热压力彼此处于大致平衡的状态。磁场和湍流运动也提供星际物质的压力,且通常比热压力更为重要。

9.2　恒星的形成

恒星是能通过核心核聚变反应释放能量并发光的天体。不过还有一些例外,如白矮星和中子星,它们不通过核聚变发光。

9.2.1　星际云

恒星的形成从一片主要由氢组成的星际云开始。形成恒星的星际云所需的质量为太阳质量的数千倍,密度很小,其中含有少量的星际尘埃。星际尘埃在星际云的收缩过程中起到冷却的作用,同时在行星的形成过程中起到重要的作用。

暗星际云的内部温度虽然很低,分子热运动较弱,但其内部压力都可以抵抗引力的作用。当有外力作用时,星际云才开始坍缩并逐渐形成恒星。较为可能的外力是超新星爆发后的激波,或者是附近的其他能量充沛的天文学过程。

9.2.2　云团碎片的碎裂

在星际云的坍缩过程中，为了维持角动量守恒，原本巨大的星际云会碎裂成许多云团碎片。其中总质量介于 1～2 倍太阳质量的碎片最终会形成类太阳恒星，其他质量的碎片则会形成其他光谱型的恒星。1～2 倍太阳质量的云团碎片的跨度约为几百分之一秒差距，尺度仍然是太阳系的 100 倍。

虽然碎块急剧收缩，但是其平均温度和母体温度差异不大。原因在于这些气体不断地向周围空间放射出大量的能量。碎块中的物质非常稀薄，其中产生的光子会很容易地逃逸，不会被云团碎块重新吸收，因此在坍缩时产生的能量实际上基本都辐射出去了，碎块温度的增加并不显著。只有在碎块的中心，由于辐射必须穿透大量的物质才能逃逸，因此中心温度的增加显著一些。在这一阶段，碎块中心的温度约为 100 K。然而，云团碎块的大部分地方仍都保持着收缩前的低温。

9.2.3　原恒星

随着碎块内部区域的密度逐渐增加，气体对辐射逐渐变得不透明，碎块中心的温度剧增，达到 10 000 K。将此时稠密的、不透明的中心区域称为原恒星。

星际云会继续收缩、碎裂，外围物质向内倾泻得越来越猛烈，使原恒星质量不断地增加。不过，因为压力仍然不能抵消引力的作用，原恒星会继续收缩。

9.2.4　主序星

待到原恒星的收缩使其核心的温度能够引发核聚变时，引力才终于能被抵消，物质停止坍缩，形成一颗主序星。

原恒星接近主序星阶段，演化速度变得更加缓慢。演化变慢的原因是热能，即使是引力要将炽热的天体压缩，也会比较困难。压缩的速度很大程度上取决于原恒星的内能向空间辐射的速率。内能的辐射速率越大，能量从恒星表面逃逸得越快，收缩发生得就越快。因此，随着光度的降低，收缩的速率也会同时降低。

类太阳恒星的形成所经历的时间为 4 000 万到 5 000 万年。虽然以人类的标准来说这是一段很长的时间,但它仍然不到太阳在主序上寿命的 1%。一旦某个天体开始在核心发生核聚变并建立好"引力向内、压力向外"的平衡,它就注定会稳定地燃烧很长一段时间。这段时间内恒星在赫罗图上的位置不会改变。

简单来说,恒星的形成就是星际云自身想尽办法抵消引力的过程。在形成初期,引力导致的收缩会使星际云温度升高,产生热压力。但是热压力不能抵消引力作用,云团会继续收缩。直到云团的温度高到能够引发核聚变,核聚变产生了巨大的能量,足以抵消引力,云团(此时已经是等离子团了)才停止坍缩。图 9.1 所示为星际云的收缩。

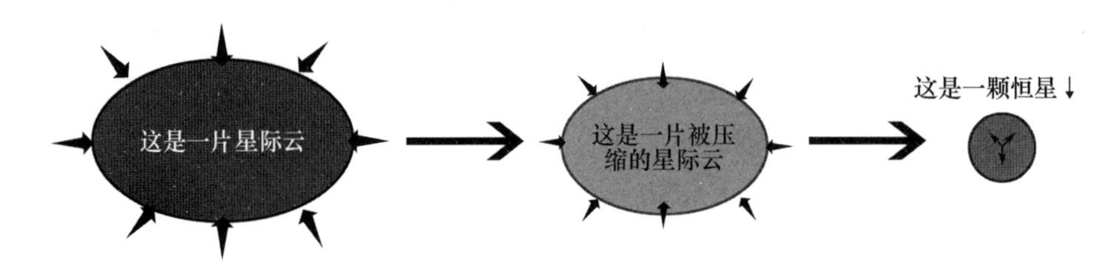

图 9.1　星际云的收缩

(温度依次升高)

类太阳恒星的形成过程见表 9.1。

表 9.1　类太阳恒星的形成过程

阶段	天体	到下一阶段用时 /年	中心温度 /K	表面温度 /K	直径 /km
1	星际云	2×10^{6}	10	10	10^{14}
2	云团碎块	10^{5}	100	10	10^{12}
3	原恒星	10^{7}	10^{4}	3 000	10^{8}
4	恒星	3×10^{7}	10^{7}	4 500	3×10^{6}
5	主序星	10^{10}	10^{7}	6 000	1.5×10^{6}

另外,质量越大的恒星其形成时间越短。

不同质量原恒星到达主序星所需要的时间见表9.2。

表9.2　不同质量原恒星到达主序星所需要的时间

原恒星的质量(太阳质量=1)	到达主序星所需要的时间/年	原恒星的质量(太阳质量=1)	到达主序星所需要的时间/年
30	3万	1	3 000万
10	30万	0.5	1亿
4	100万	0.2	10亿
2	800万	—	—

9.2.5　恒星的质量范围

最终形成的恒星的质量在$0.08M_{太阳}$与$150M_{太阳}$之间。形成的恒星的质量与初始云团碎片的质量有关。

若低于$0.08M_{太阳}$,天体内部无法引发核聚变。把星际云演化后质量小于$0.08M_{太阳}$的天体称为褐矮星。褐矮星不属于恒星,因为它不能靠核聚变释放能量。

若高于$150M_{太阳}$,则恒星的引力与核聚变压力无法平衡,恒星会不断地膨胀收缩,并在这一过程中抛射出物质,直到恒星质量低于$150M_{太阳}$。

9.2.6　恒星形成时的赫罗图位置

恒星在形成过程中的演化轨迹赫罗图如图9.2所示。

赫罗图的右上角区域也称红巨星区域,但此时天体并不是红巨星,而是原恒星。

原恒星和红巨星同样表面温度低、半径大而光度高(这对应了它们在赫罗图上的横纵坐标)。但原恒星是依靠释放引力势能发光的,红巨星是依靠核聚变发光的。

图9.2中的虚线部分是理论上恒星无法到达的区域,将这个区域的边界

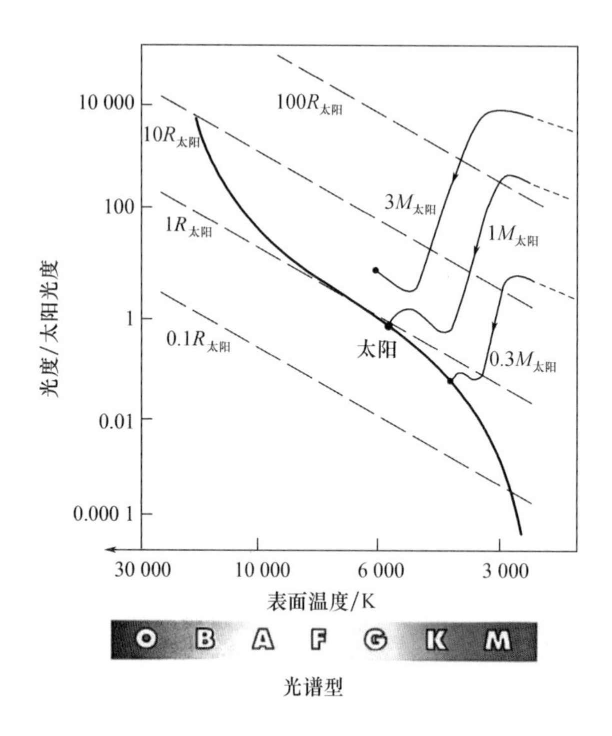

图 9.2　恒星形成过程的赫罗图

称为林中四郎线。林中四郎线附近的原恒星在这一演化阶段通常会表现出剧烈的表面活动,产生极其猛烈的原恒星风,密度比太阳风(即太阳的恒星风)致密得多。原恒星的这一阶段一般被称为金牛 T 阶段,以金牛座 T 星命名。有证据显示有巨大的星斑覆盖在金牛座 T 星表面,并且有强烈、易变的 X 射线和电波辐射,其强度约为太阳的 1 000 倍。

9.3　行星的形成

太阳形成于一片星云,称为太阳星云。年轻的恒星周围会出现吸积盘,可以将这个盘面称为原行星盘。当盘面冷却,气体的角动量变小时,靠近中心的低挥发性物质开始凝聚,形成尘埃颗粒。接着由于引力不稳定性或者冲流不稳定性,颗粒质量增加,最后形成行星。

9.4 习 题

1. 宇宙中最丰富的元素是( )。

B. 铁 B. 硅 C. 氦 D. 氢

2. 巨分子云中,气体的占比约为( )。

A. 1% B. 35% C. 70% D. 99%

3. (国家队集训习题)太阳。利用同位素测年龄法知道地球的年龄大约是46亿年,而太阳的年龄至少和地球同龄。有人认为,太阳已释放的能量是来自太阳从原来非常大的半径收缩成为现在的半径 R 时所释放出的引力势能。你认为这种观点正确么?答案应通过必要的公式和数值计算加以解释。

4. 火星大气。假设火星的大气成分为二氧化碳,并且视其为理想气体。已知玻尔兹曼常数 $k=1.38\times10^{23}$ J/K,阿伏伽德罗常数 $N_A=6.02\times10^{22}$,摩尔气体常数 $R=8.3\times10^{-23}$ J/(mol · K)。

(1)假设行星是理想黑体,若地球大气的平均温度为280 K,计算火星大气平均温度。

(2)对于火星大气,将其位于一定高度处的密度 ρ 表示成温度 T 和压强 p 的函数。

5. (2013年全国中学生天文奥林匹克竞赛选拔赛第6题)分子云。一颗由分子云坍缩形成的恒星,光度为 L。有一颗星星围绕着它做圆轨道运动,轨道半径为 D,恒星半径为 r,反照率为 α。假设在平衡状态下,星星吸收的能量都作为一个黑体辐射出去。

(1)最初坍缩成恒星的分子云云块(密度为 ρ,温度为 T)半径 R 至少需要多大?

(2)行星反射光度 L_r 有多大?

(3)若行星总是一面朝着恒星,则亮面的平均温度 t 是多少?

6. (2017全国中学生天文奥林匹克竞赛选拔赛第4题)星云。假设有一团密度均匀为 ρ,半径为 R 的球状静态氢原子气体星云(氢原子质量为 m),星云的温度为 T,考虑如下问题:(1)若在星云表面处有一物体在只受星云气体的引力作用下进行自由落体,其从开始坠落到抵达星云中心需要多长时间(自由落体时标 t_i)?

(2)星云气体的膨胀和坍缩可以视为绝热过程,而理想气体在绝热条件下状态方程为 pV^γ = 常数,其中 γ 为绝热膨胀系数。请证明星域气体的声速 $c_s = \sqrt{\gamma k_B T/m}$,其中 k_B 为玻尔兹曼常数。(提示:考虑一个装满压强为 p 的理想气体的无限长绝热玻璃管,一端用一活塞在 $p+\Delta p$ 的压强下以固定速度 v_0 推动 t 时间,气体中的压缩波以声速 c_s 传播到 $c_s t$ 处,压缩波经过处的气体被加速到了 v_0。)

(3)当自由落体时标小于声速从星云表面传播至星云中心所需要的时间时,星云将不可避免地在引力作用下坍缩。此时,星云的直径需要至少多大?在这里取氢原子理想气体的绝热膨胀系数为4/3,这一尺度在天体物理中被称为Jeans(金斯)长度。

第 10 章　恒星的演化

10.1　恒星的热核演化

10.1.1　主序星阶段

恒星能持续稳定地发光发热，是因为恒星的内部时刻进行着聚变反应，释放出的大量能量为恒星提供了能源。在恒星的主序星阶段，主要进行的是氢聚变成氦的反应，称为氢燃烧。氢的热核反应有两种形式：质子－质子循环和碳－氮－氧循环。图 10.1 所示为质子－质子循环图示。

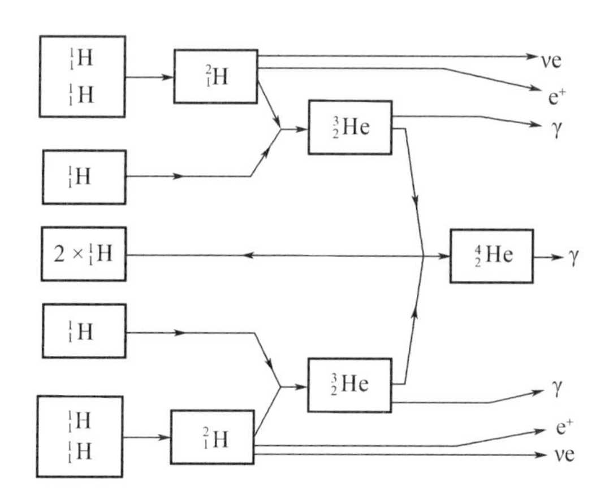

图 10.1　质子－质子循环图示

质子－质子循环过程分为以下几步。

(1) 两个 $^1_1$H 结合为一个 $^2_1$H 并生成一个正电子 e^+ 和一个电中微子 νe。

(2) 一个 $^1_1$H 与一个 $^2_1$H 结合生成不稳定的 $^3_2$He 并释放出 γ 光子。

(3) 两个 $^2_1$He 结合生成一个稳定的 $^4_2$He 与两个 $^1_1$He 并释放出 γ 光子。

其中,释放出的光子即是核聚变中释放的能量。反应过程一开始由$^{1}_{1}H$参与反应,最后又生成$^{1}_{1}H$,所以称为质子－质子循环。总反应式为

$$4^{1}_{1}H \longrightarrow {}^{4}_{2}He + 3\gamma + 2e^{+} + 2\nu e \tag{10.1}$$

图 10.2 所示为碳－氮－氧循环图示。

$$^{1}_{1}H + {}^{12}_{6}C \longrightarrow {}^{13}_{7}N + \gamma$$
$$^{13}_{7}N \longrightarrow {}^{13}_{6}C + e^{+} + \nu e$$
$$^{1}_{1}H + {}^{13}_{6}C \longrightarrow {}^{14}_{7}N + \gamma$$
$$^{1}_{1}H + {}^{14}_{7}N \longrightarrow {}^{15}_{8}O + \gamma$$
$$^{15}_{8}O \longrightarrow {}^{15}_{7}N + e^{+} + \nu e$$
$$^{1}_{1}H + {}^{15}_{7}N \longrightarrow {}^{12}_{6}C + {}^{2}_{4}He$$

图 10.2　碳－氮－氧循环图示

碳－氮－氧循环过程就是 C、N、O 依次俘获$^{1}_{1}H$,质量数逐渐增加,并在最后质量数骤减,产生$^{4}_{2}He$。总反应式同样为

$$4^{1}_{1}H \longrightarrow {}^{4}_{2}He + 3\gamma + 2e^{+} + 2\nu e \tag{10.2}$$

C、N、O 在这个过程中的作用可以理解为催化剂。

质子－质子循环所需的温度比碳－氮－氧循环要低,类太阳恒星的核心主要发生质子－质子循环;而大质量恒星主序星后期的氢壳层燃烧时,核心以碳－氮－氧循环为主。

10.1.2　主序星后阶段

当恒星核心的大部分氢燃烧完后,恒星的主序星阶段就结束了,恒星在赫罗图上的位置会发生改变。氦元素在温度达到 10^{8} K 时可发生聚变,过程如下。

$$^{4}_{2}He + {}^{4}_{2}He \longrightarrow {}^{8}_{4}Be$$

$$^{4}_{2}He + {}^{8}_{4}Be \longrightarrow {}^{12}_{6}C$$

$$^{4}_{2}He + {}^{12}_{6}C \longrightarrow {}^{16}_{8}O$$

氦元素发生聚变过程中每个反应都有 α 粒子($^{4}_{2}He$)参与反应,所以又称 3α 过程。将这三个反应写在一起是因为它们的反应温度比较接近,如果能发

生第一个反应,那么后面两个反应一般也能发生。同时,$^{8}_{4}Be$ 在这个过程中消耗很快,最后剩下的物质为$^{12}_{6}C$ 与$^{16}_{8}O$,二者的比例视具体情况而变。

$^{12}_{6}C$ 与$^{16}_{8}O$ 在温度达到 8×10^{8} K 时可继续与 α 粒子结合,生成 Ne、Mg、Si 等更重的元素,该过程称为氦俘获。氦俘获最后会停止于 Fe 的生成。

若温度达到了 10^{10} K,会发生光致蜕变现象,光子在这个温度下具备了极高的能量,可以将重元素的核"撞碎"为质子、中子等粒子。

了解完恒星核心会发生什么反应后,学习恒星的主序后演化就会容易得多。

10.1.3　恒星的寿命

恒星在主序星阶段的时间占恒星寿命的绝大部分,所以考虑恒星在主序星阶段的时间即可。

在恒星的主序星阶段,恒星的光度与其质量存在关系,称为质光关系:

$$\frac{L}{L_{太阳}} \propto \left(\frac{M}{M_{太阳}}\right)^{\alpha}$$

不同质量的恒星具有不同的 α 值,研究表明 α 的近似值为

$$\alpha = 1.8 \qquad (M < 0.3M_{太阳})$$

$$\alpha = 4.0 \qquad (0.3M_{太阳} < M < 3M_{太阳})$$

$$\alpha = 2.8 \qquad (M > 3M_{太阳})$$

恒星在主序星阶段的时间可以理解为核心由 H 聚变为 He 所用的时间,光度越大,聚变的速率越快,H 质量减少得越快。同时考虑到不同质量恒星的核心质量与总质量的比例相近,有

$$t \propto \frac{M}{L} \tag{10.3}$$

式中,M 为总质量;L 为总光度。结合主序星的质光关系(图 10.3),可以得出结论(对类太阳恒星):

$$t \propto M^{-3} \tag{10.4}$$

即质量越大的恒星寿命越短,脱离主序星阶段也就越快。对于质量比太阳小得多或大得多的恒星,这个结论同样成立。

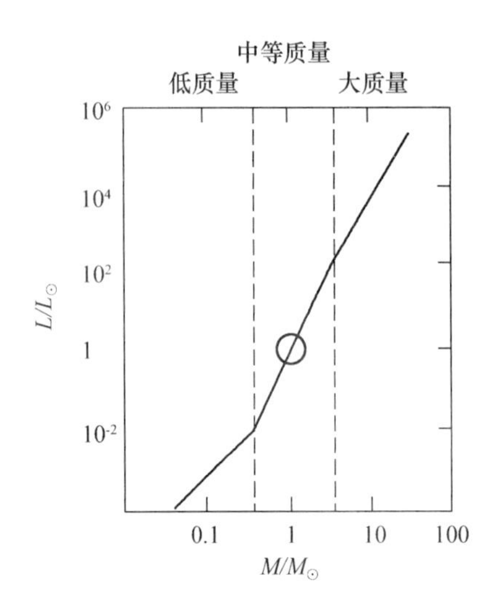

图 10.3　主序星的质光关系

10.2　小质量恒星的演化

恒星质量的大小具体分界比较模糊，无须记住。

小质量恒星最终会演化为白矮星，并在这一过程中产生行星状星云。

10.2.1　核心氦化

随着恒星核聚变的不断进行（质子－质子循环或碳－氮－氧循环），恒星核心的 H 逐渐转化为 He，直到核心的氢全部聚变为氦（图 10.4）。因为此时核心的温度不足以引发氦聚变（氢聚变所需温度为 10^7 K，氦聚变所需温度为 10^8 K），所以恒星核心的核聚变暂时停止。

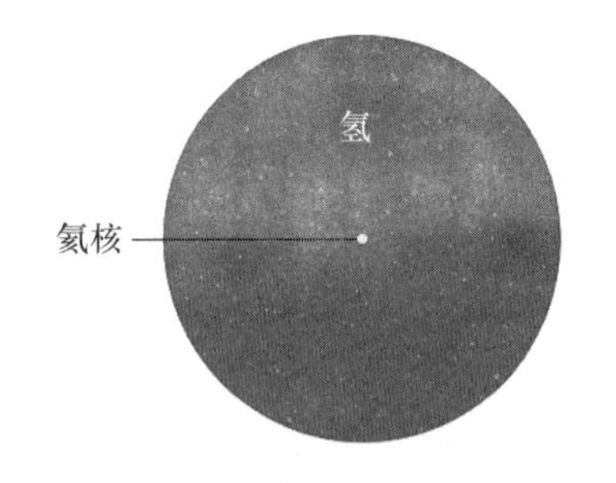

图 10.4　核心氦化

10.2.2　核心坍缩与外层扩大

因为核心的聚变反应停止，核心无法产生能量来抵消引力作用，核心的氦会开始收缩。在收缩过程中，氦核释放出引力势能，使中心温度升高（又回到了星际云形成恒星的过程）。

不过，虽然核心的 He 无法聚变，包裹在氦核上的壳层仍然能够继续聚变。同时，随着核心温度因氦核坍缩而增大，壳层的温度也逐渐升高，氢聚变的反应程度逐渐加大。

图 10.5 所示为核心坍缩与外层扩大。

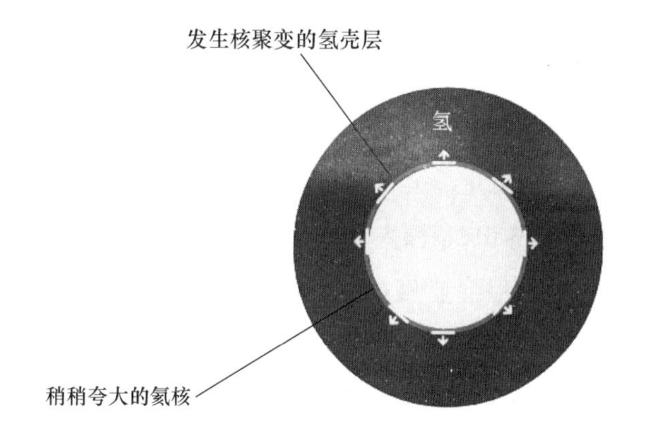

图 10.5　核心坍缩与外层扩大

氢壳层剧烈聚变会产生巨大的压力，这个压力向内挤压氦核，向外推动氢壳层。这导致核心不断收缩增温的同时恒星外层却在不断地扩大与冷却。

结果是恒星的表面温度下降，而表面积随着半径的增大而迅速增大，所以恒星的光度有所上升。恒星在赫罗图上从主序星向右上方移动，变成红巨星。

10.2.3　氦核聚变

氦核的收缩使温度升高，终于在某一刻迎来了自己的春天——氦核聚变（图 10.6）。核心的温度达到 10^8 K，氦开始聚变为 $^{12}_{6}C$ 与 $^{16}_{8}O$（3α 过程），形成一个新的核——碳核或氧核或碳、氧核。然而，此时核心的温度还不能使碳或氧聚变为更重的元素，核心核聚变停止，核心将继续坍缩。

此时恒星核心外包裹着氦壳层与氢壳层,它们均能继续聚变。

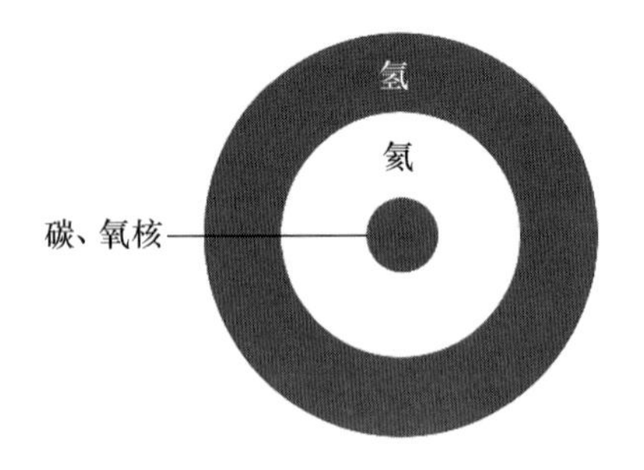

图 10.6　氦核聚变

碳、氧核收缩到一定程度时,将会产生电子简并压力来抵消引力。电子简并压力是由电子间的泡利不相容原理产生的。可以把电子简单地假想为刚性球体,核心的坍缩会使刚性球体的距离缩小,当缩小到刚性球体相接触时,刚性球体便会产生压力来阻止继续收缩(当然,事实上产生电子简并压力时电子并没有接触,这是量子知识,不深入介绍)。

电子简并压力很大程度上独立于温度,而与核心的密度直接相关。电子简并压力产生后核心的收缩便会停止,从而核心的温度也就不会继续增大,核心的聚变将停止于碳、氧。

10.2.4　外壳层的脱离

在核心收缩到电子简并压力产生的过程中,核心外包裹的壳层一直在扩增,且具有了一定的扩增速度。当壳层因冷却而无法发生聚变反应时,壳层因惯性仍会继续扩增。所以外壳层会逐渐往外分散,与核心脱离,如图 10.7 所示。

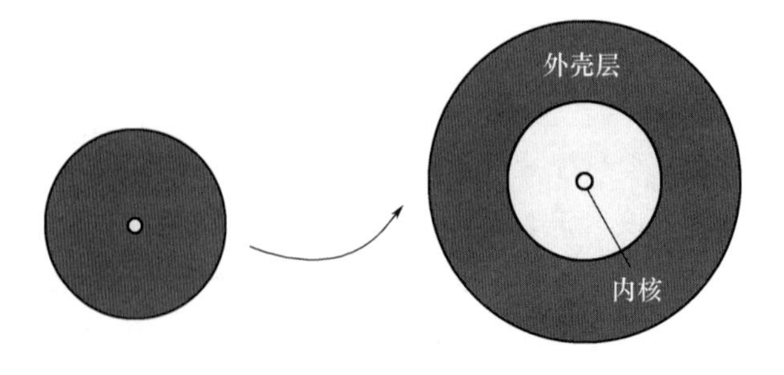

图 10.7　外壳层的脱离

壳层脱离后核心便裸露出来,核心温度很高但半径较小,所以光度低,位于赫罗图的左下方。根据其温度(白色)与光度(光度低称为矮星),将其称为白矮星。白矮星无法发生聚变反应,其光度完全由储存的温度产生。随着白矮星向外散发能量,其光度与温度会逐渐减小,最后变成一颗黑矮星。这个过程需要很长的时间,所以目前黑矮星只是存在于理论中的天体。

白矮星温度高,其电磁辐射大部分位于紫外波段。紫外辐射会将脱离的外壳层电离,外壳层因电离而发光,形成行星状星云,如图10.8所示。

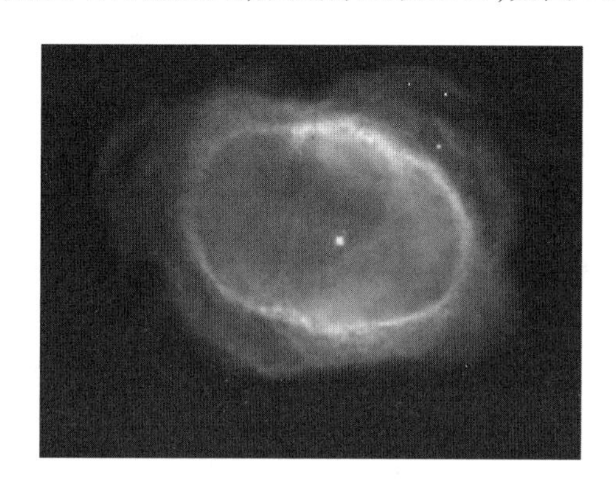

图10.8 行星状星云

10.2.5 氦白矮星和氦闪

如果恒星质量低于$0.5M_{太阳}$,即使核心收缩到电子简并压力抵消了引力时,其温度也不能引发氦聚变。所以最终会形成一颗氦白矮星。

如果恒星质量低于$2.25M_{太阳}$,恒星核心收缩到可以发生氦聚变(3α过程)的过程会有一些"曲折"。这种情况下,核心收缩到电子简并压力初步产生时,其温度暂时还不能引发氦聚变。情况类似于质量低于$0.5M_{太阳}$,但此时核心质量较大,在电子简并压力完全抵消引力之前,核心温度达到了氦聚变的阈温,3α过程得以进行。

若核心处于非简并态,氦的聚变产生的能量会使核心体积增大,从而维持向内的力和向外的力平衡。然而,此时恒星核心已经处于简并态,在热压力超过简并压力之前,温度的变化不会引起体积的变化。

于是,氦聚变产生的能量会暂时被储存在核心中,无法散发出去。等到能量积累到一定程度就会发生爆发,这种爆发称为氦闪。氦闪是氦在短时间内剧烈聚变的过程。氦闪会使内核开始膨胀,密度降低,核心脱离简并态,热辐射重新作用于引力平衡,核心开始平稳地进行氦燃烧。

10.3 大质量恒星的演化

大质量恒星最终会演化为中子星或黑洞,并在这个过程中发生Ⅱ型超新星爆发。

大质量恒星演化前期的过程与小质量恒星一样:核心氦化、氦核坍缩、温度上升、氦核聚变;核心碳氧化、碳氧核收缩、温度上升。

10.3.1 洋葱式壳层燃烧

进入红巨星阶段后,由于恒星质量较大,其核心坍缩使温度达到了碳氧聚变的阈温,发生上述讲到的氦俘获过程,逐渐生成 Ne、Mg、Si 等元素。

碳氧之后的元素发生聚变所需温度的跨度较小,所以一旦恒星核心温度越过了碳氧聚变的阈温,核心就可以一直聚变到生成 Fe。此时恒星的核心会有多个燃烧壳层,洋葱式结构如图 10.9 所示。

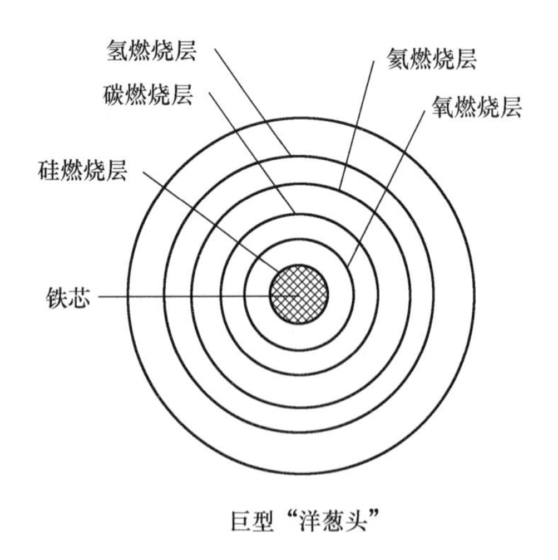

图 10.9 洋葱式结构

越重的原子聚变的速率越快,可供能的时间越短。

10.3.2 聚变尽头 Fe

恒星核心聚变反应生成的最重的元素就是 Fe,因为^{56}Fe 核是最稳定的原子核,图 10.10 所示为比结合能 。

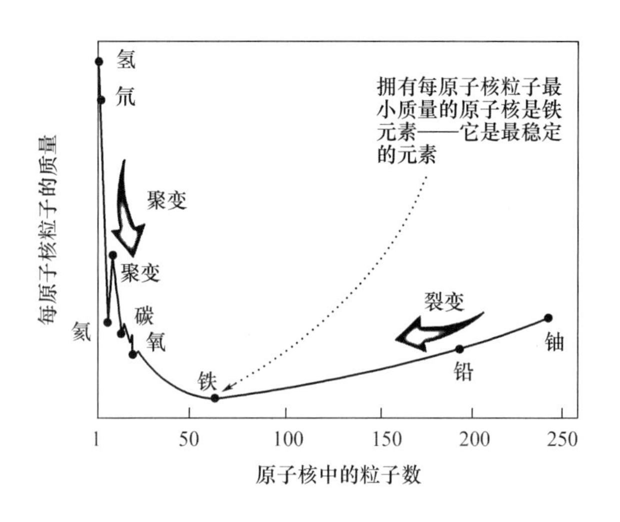

图 10.10 比结合能

^{56}Fe 核非常致密,不论是聚变成更重的元素,还是裂变为更轻的元素,都需要吸收能量。^{56}Fe 核无法聚变,受引力作用会开始坍缩。

10.3.3 核心中子化

Fe 核的坍缩会导致核心温度上升,当温度达到 10^{10} K 时,会发生光致蜕变,导致核心由自由的质子、中子、电子和光子组成。同时自由的电子和质子在挤压下会形成中子并释放出中微子。最后核心只剩下中子和光子。

光致蜕变的反应过程为

$$^{56}_{26}\mathrm{Fe} \longrightarrow 13\,^{4}_{2}\mathrm{He} + 4\,^{1}_{0}\mathrm{n}$$

$$^{4}_{2}\mathrm{He} \longrightarrow 2\,^{1}_{0}\mathrm{n} + 2\,^{1}_{1}\mathrm{H}$$

电子与质子的反应过程为

$$^{1}_{1}\mathrm{H} + ^{\ 1}_{-1}\mathrm{e} \longrightarrow ^{1}_{0}\mathrm{n} + \nu e$$

上述两个反应都是消耗能量的反应,这将导致引力坍缩得更加迅速。同时因为电子与质子反应,电子数量减小,电子简并压力减小。两个因素叠加导致电子简并压力已经无法抵消引力,核心密度继续增大,直到出现中子简并压力。

中子简并压力出现的原因与电子简并压力类似,是中子为了抵抗坍缩而出现的。

10.3.4 外壳层的下落与反弹

虽然中子简并压力使核心不再坍缩,但外壳层物质还是会继续向核心下落,而且速度非常大。最后大量物质撞击到中子核上并反弹向外,所有外壳层物质迅速向外扩散,释放出巨大能量。

这里要先回顾之前的内容:在小质量恒星的演化过程中,核心产生电子简并压力使核心不再坍缩,形成白矮星,此时外壳层继续向外扩散,最终形成行星状星云;而在大质量恒星的演化过程中,类似地,核心产生中子简并压力使核心不再坍缩,但此时外壳层却是向核心掉落。为什么两种核心相似的情况,外壳层的运动却是完全相反的?

这个问题本书作者也找不到标准的回答,提出来是希望加深读者的印象与对恒星演化的思考。不过可以提供一个思考的角度:在小质量恒星的演化中,形成白矮星的过程相对缓慢,外壳层的 H 和 He 还在继续燃烧放能,由此提供了向外的推力,使外壳层扩散。而在大质量恒星的演化中,因为越重的元素可聚变的时间越短,核心中子化时外壳层已经停止了聚变反应,缺少了抵抗引力的压力,所以外壳层也会坍缩。

外壳层的反弹会形成强大的冲击波,使整个恒星外壳层爆炸,这就是Ⅱ型超新星爆发,也称核坍缩超新星爆发。

10.3.5 核心的演化

核坍缩超新星爆发后恒星仅留下核心。若核心质量较小,中子简并压力足以抵消引力,将会形成一颗中子星。若核心质量较大,以至于中子简并压力无法抵消引力,此时核心已经无法产生其他简并压力了,核心将坍缩为黑洞。

中子星与黑洞的临界质量称为奥本海默极限,因为中子星情况复杂,这个极限还未能准确计算出,在 $2M_{太阳}$ 与 $3M_{太阳}$ 之间。

这里有一点与直觉相悖:Ⅱ型超新星爆发时,并非质量越大爆发强度越大。如果核心最后是演化为中子星,因为中子星是近似完全刚体,外壳层物质反弹后基本能保持原先的速度,此时的爆发强度较大。而如果核心质量大到将坍缩为黑洞,外壳层物质回落并反弹后的速率会有所减小,所以其爆发强度反而不如更小质量的恒星(二者的区别就类似于用乒乓球打墙壁时的反弹与用乒乓球打球网时的反弹)。

10.4 双星系统中恒星的演化

如果恒星处于一个双星系统(图 10.11)中,那么在演化过程中,很可能因为体积变大而受到对方的引力影响,导致双方发生物质转移,这也将改变其演化历程。

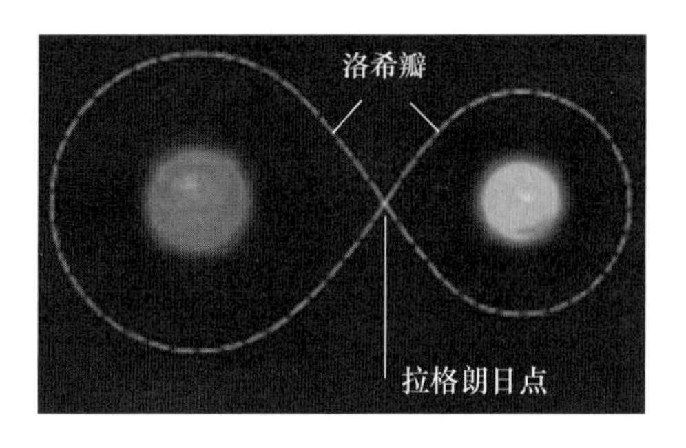

图 10.11 双星系统

双星中每颗恒星都有一定控制范围,称为洛希瓣。在洛希瓣内的物质为该恒星的引力所主导,不会轻易流入其伴星或流出双星系统。两个恒星的洛希瓣,分别是以恒星为中心,其到拉格朗日点 L1 的距离为半径的近似圆。如果双星中一颗恒星演化到巨星阶段,其体积可能增大到超过洛希瓣范围,外围物质将被其伴星吸积。例如,如果双星中的一颗星已经演化到白矮星,而另一个是膨胀的红巨星,白矮星将会吸积红巨星外层的氢,同时白矮星表面温度升高。当温度超过 10^7 K 时,表面的氢将以极大的速率聚变为氦,导致白矮星亮度突然上升,这就是新星。此后随着表面物质被吹散,新星亮度逐渐下降。有一些白矮星能不止一次成为新星。

而如果白矮星吸积伴星,使自身质量达到钱德拉塞卡极限($1.44M_{太阳}$),电子简并压力将无法抵消引力,白矮星将会坍缩。迅速的坍缩会使整个白矮星温度骤增。因为白矮星整个由碳或氧组成,一旦温度增加到碳氧聚变的阈温,核聚变将几乎在整个白矮星上发生。整个天体爆发并释放出巨大的能量,称为Ⅰa 型超新星,也称碳爆发超新星。

碳爆发超新星不会像核坍缩超新星那样有一个核心遗留下来,而是整个天体不复存在。

Ⅰa 超新星因为爆发前都是碳/氧构成的白矮星,爆发时的质量为 $1.44M_{太阳}$,所以爆发后的光度相近,绝对星等约为 -19.3^m。可根据这一特性来测出距离。

10.5 星团内恒星的演化

由于一个星团起源于同一团星际云,星团中每一颗恒星的年龄几乎相同。而由于质量不同,演化的结果也不同。因此,星团是研究恒星演化的重要工具。

质量越大的恒星,在主序星停留的时间越短。将一个星团内每个恒星都标在赫罗图上,得到一张星团赫罗图,如图 10.12 所示,可以看出大质量恒星离开主序带,小质量的恒星仍然在主序带上。其中质量越小的恒星越晚离开主序带,把刚好离开主序带的恒星所对应的质量称为拐点质量。

根据恒星寿命与质量的关系,只要找出一个星团的拐点质量,就可以确定该星团的年龄。另外,星团中存在一种特殊的天体——蓝离散星,它们分布在主序带上,但考虑星团的年龄,它们应当早就演化到了白矮星或中子星阶段。这是因为它们不是星团形成时原恒星星云收缩诞生的,而是不久前由低质量恒星并合(即在引力作用下相互碰撞)形成的。

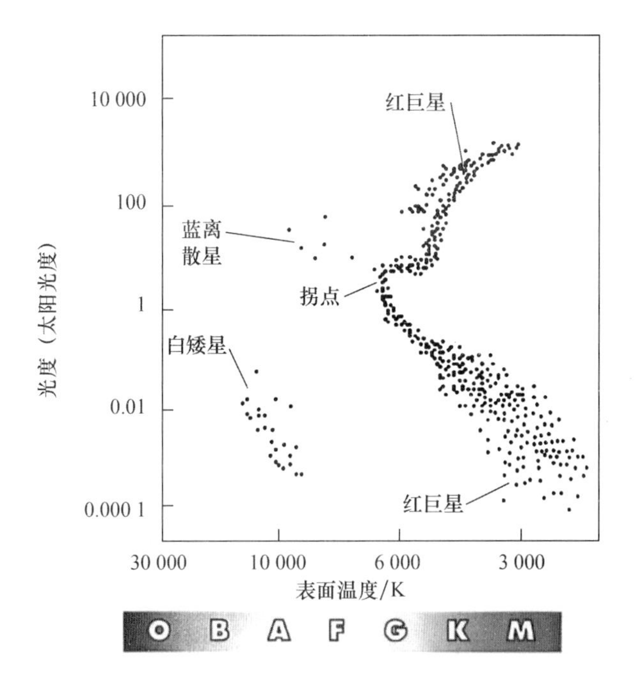

图 10.12　同一星团恒星的赫罗图

10.6　超　新　星

10.6.1　光变曲线

前文提到超新星可分为 Ⅰa 型超新星和 Ⅱ 型超新星，这是根据其光谱中是否含有氢线划分的。Ⅰa 型超新星没有或几乎不含氢线。同时，其光变曲线还有明显的区别（图 10.13），Ⅰa 型超新星的光度达到峰值后便迅速下降，Ⅱ 型超新星的光度在下降过程中会经历一段平缓期。

10.6.2　发光机制

超新星巨大的亮度由两个因素提供：①爆发时核心蕴含的能量，以碳爆发超新星为例，整个白矮星剧烈的聚变会释放出巨大的能量；②Ni 与 Co 衰变时

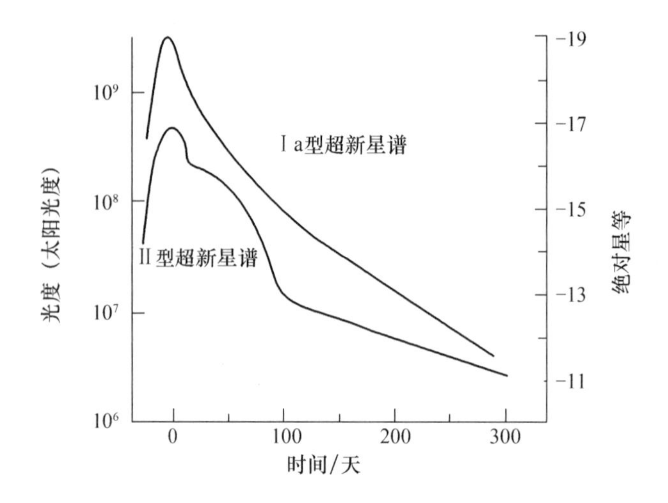

图 10.13　超新星光变曲线

的放能，在光度达到峰值后，超新星发光的主要机制就是^{56}Ni 衰变为^{56}Co，^{56}Co 衰变为^{56}Fe 的过程。事实上，Ni 与 Co 不能由核心的聚变产生，它们是借助超新星爆发前期时巨大的能量合成的，所以本质上归结为第一个因素。

10.7　习　　题

1. 食双星大陵五是英仙座的一颗亮星，其两颗恒星分别是质量为 $3.7M_{太阳}$ 的主序星以及质量为 $0.8M_{太阳}$ 的红巨星，按照理论，质量越大的恒星演化速率应该越快，请解释为什么小质量的伴星先进入了红巨星阶段。

第11章　恒星的分类

本节讲三种恒星分类的方法——光谱型、光度型和稳定性。

11.1　光　谱　型

光谱型是普遍认可的恒星分类，是依据恒星光谱中的某些特征、谱线和谱带与这些谱线和谱带的相对强度，以及连续谱的能量分布来对恒星进行分类的。

11.1.1　哈佛分类法

光谱型分类中最常用的就是哈佛分类法。根据恒星光谱的差异，以不同的单一字母来表示类型，O型是温度最高的。而到了M型，温度已经低至分子可能存在于恒星的大气层内，如图11.1所示。

值得一提的是，在恒星光谱与温度的关系被发现前，科学家就已经依据恒星光谱对恒星进行分类了。后来人保留了之前纯粹按照光谱的恒星分类时的名称，并丢弃了一些不常用的类型。当时分类主要依据的是线的强度，A型星的H线是最强的，B型星次之，依此类推。不过人们主要从温度角度学习光谱型：依据恒星表面温度由高至低，主要的类型为O、B、A、F、G、K和M(图11.1)(表11.1)(oh, be a fine girl, kiss me! 简记)，各种各样罕见的光谱类型还有特殊的分类L、T型星。每个字母还以数字从0～9，以温度递减再分为10个细分类。然而，这个系统在极端高温的一端仍不完整：迄今还没有被分类为O0和O1的恒星。

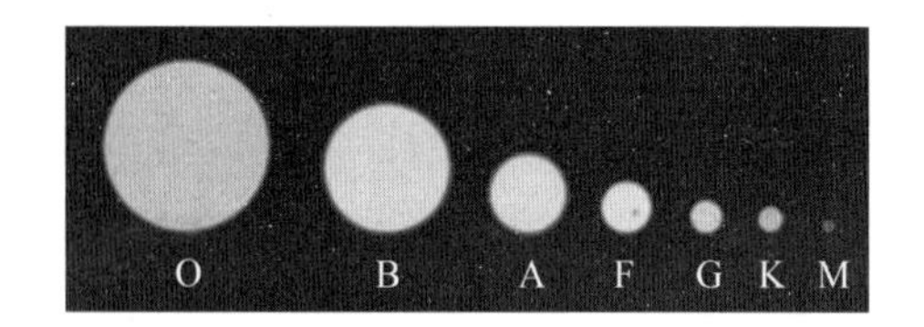

图 11.1　恒星从 O 至 M 的哈佛分类

表 11.1　恒星从 O 至 M 的哈佛分类

分类	温度	颜色	显著吸收线	例子
O	33 000 K 及以上	蓝色	强电离 He 线	弧矢增二十二
B	10 500 ~ 30 000 K	蓝白色	中等强度 H 线与中性 He 线	参宿七
A	7 500 ~ 10 000 K	白色	强 H 线	河鼓二
F	6 000 ~ 7 200 K	黄白色	中性金属线;中等强度 H 线	南河三 A
G	5 500 ~ 6 000 K	黄色	中性金属谱线;弱 H 线	太阳
K	4 000 ~ 5 250 K	橙色	强中性金属谱线	印第安座 ϵ
M	2 600 ~ 3 850 K	橙红色	中等强度分子谱线	比邻星

习惯上将温度较高的恒星称为“早期星”,温度较低的恒星称为“晚期星”,但这个叫法是从历史上对恒星寿命了解不深时开始,其内在逻辑,了解即可。

11.1.2　光谱型的成因

对于恒星,光谱的差异与恒星所含的化学成分差异有一定关系,但化学成分的影响其实很小。绝大多数恒星的表面都有着相似的元素丰度。

谱线差异很大程度上来自于恒星表面温度的差异。光线经过恒星表面的冷且稀薄的气体时,会产生暗吸收线。不同的原子(或离子)产生吸收线所需的温度不同。

具体内容在“电磁辐射与恒星光谱”一节中讲到。

11.2　光　度　型

光度型分类(表 11.2)很简单,就是依据恒星的光度大小直接分类,光度型采用罗马数字表示。

表 11.2　光度型分类

光度型	名称	光度($L_{太阳}$)
Ⅰ	超巨星	>10 000
Ⅱ	亮巨星	≈1 000
Ⅲ	巨星	≈100
Ⅳ	亚巨星	10 ~ 100
Ⅴ	主序星与矮星	0.1 ~ 10
Ⅵ	亚矮星	≈0.01
Ⅶ	白矮星	≈0.01

11.3　赫　罗　图

赫兹普龙 - 罗素图,简称赫罗图。如图 11.2 所示,横坐标为恒星光谱型(或温度),纵坐标为恒星光度(或绝对星等)。

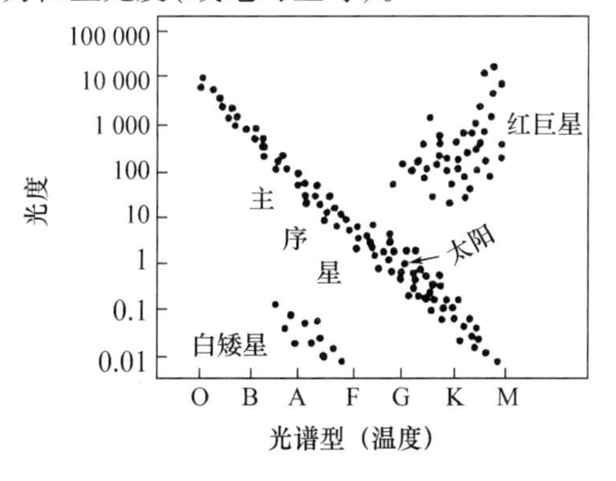

图 11.2　光度 - 光谱型图

大多数恒星都几乎在从左上顶端(高温高光度区)沿对角线伸展到右下底端(低温低光度区)的区域内。这样一条跨越赫罗图的恒星带称为主序带。

主序星基本沿对角线分布,说明这类恒星表面温度越大,则光度越大。鉴于它们的亮度和颜色,将左上区域的恒星称为蓝巨星,右下区域的恒星称为红矮星。

赫罗图右上角的区域被称为红巨星支。红巨星表面温度高,但光度大,这是因为它们的表面积很大。

赫罗图左下方的区域被称为白矮星支。白矮星表面温度高,但光度小,同理可知是因为它们的表面积小。

11.4 变　　星

变星顾名思义就是光度会随时间改变的恒星。

11.4.1 内因变星与外因变星

内因变星是因恒星本身的物理性质变化导致光度发生改变,这类变星可分成三类。

(1)脉动变星。恒星的半径交替拓展和收缩引起的光度变化,是恒星演化中自然老化的一部分过程。

(2)喷发变星。恒星表面经历像闪焰或大规模物质抛射的喷发。

(3)激变变星(爆发变星)。恒星发生灾难性或爆炸性变异。如新星和超新星。

外因变星是由外在原因引起光度变化的恒星,这类恒星可分为两类。

(1)食变星。本身食双星,因为地球独特的位置,当它们循着轨道绕行时会互相遮挡。

(2)自转变星。变化是由与自转相关现象造成的恒星。如恒星表面有斑点(类似太阳黑子)影响其视亮度,或是快速自转导致它们的形状成为椭球体。

11.4.2 脉动变星的光变机制

脉动变星的光变机制与内燃机类似,假设一个内部无摩擦的容器,将一片隔离板放在容器中，使隔离板重力与下部大气压力平衡，此时用重力按压隔离板再松开，由于力的不平衡和惯性作用，隔离板会一直运动下去，脉动变星就像这样一直涨缩着，这被称为涨缩模型。

但是，严格上说，太空中摩擦依然存在，脉动变星如果只按照这一机理运动，恐怕早已停止了。其实，还有一种称为阀门效应的机理，即脉动变星内部存在一层电离层，它可以在脉动变星释放能量时将其吸收，在其吸收能量时再将储存的能量释放，这就补充了脉动变星损耗的能量，使脉动变星得以脉动至今。

11.5　星　　族

本节介绍星族的分类。星族是银河系中年龄、化学物质组成、空间分布与运动特性较接近的恒星的集合。

(1)星族Ⅰ星(第一星族星)是年轻的恒星，包含相当数量比氦重的元素(即天文学中的“金属元素”)。这些金属元素是由上一代恒星的超新星爆发或行星状星云物质扩散而来的。星族Ⅰ星通常都散布在银河系旋臂中。太阳属于星族Ⅰ星。

(2)星族Ⅱ星(第二星族星)是年长的恒星，是在宇宙大爆炸后一段时间内形成且至今仍活动的恒星，因此它只含有少量的金属元素。由此导致其缺乏构成行星的元素，也就少有行星在周围环绕。星族Ⅱ星都在球状星团和银河系银晕中。

(3)星族Ⅲ星(第三星族星)是最老的恒星，但其目前只存在于理论中，未被发现。星族Ⅲ星诞生于宇宙大爆炸后不久，是不含金属元素的恒星。

11.6　习　　题

1. (2020年广东省中学生天文知识竞赛预赛高年组第14题)以下(　　)属于激变变星。

A. 新星　　B. 刍藁型变星　　C. 大陵型变星　　D. 盾牌座δ型变星

2. 以下(　　)光谱型的恒星表面温度最高。

A. A 型　　B. M 型　　C. F 型　　D. B 型

3.（2016 年广东省中小学生天文知识竞赛初赛高年组第 17 题）图 11.3 所示为发射星云 NGC 6357。在 2013 年，美国的 Andrew Jaqua 曾发起全球请愿，要求 IAU 把该星云命名为“圆神星云(Madokami Nebula)”。该星云之所以能发光主要是因为(　　)。

图 11.3　习题 3 图

A. 透射圆神自身发出的光芒

B. 星云中诞生的 OB 型星激发星云中的星际气体产生辐射

C. 星云反射附近恒星的星光

D. 星云中的重元素发生衰变放出辐射

4.（2005 年亚太天文奥林匹克竞赛实测题第 7 题）变星。伊尔库兹茨克天文俱乐部的天文爱好者对恒星 X 进行了一个月的观测。遗憾的是，在这个月中只有 16 个晴夜，观测并不规律。不过他们还是发现恒星的亮度是有变化的，具体见表 11.3。

(1) 画图，在图上画出观测结果。

(2) 从图中定出光变周期。

(3) 定出光变幅度。

(4) 如果恒星 X 的视差是 0.006″，求出其最大和最小绝对星等。

表 11.3　习题 4 表

日期	星等	日期	星等
4	3.91	21	3.72
6	3.87	22	3.84
7	3.91	23	3.97
13	4.05	24	4.12
14	4.13	25	4.16
16	3.70	28	3.93
17	3.90	29	4.10
19	4.11	31	4.08

5. 疏散星团。表 11.4 为 Bohyunsan 天文台获得的一个疏散星团的测光数据。

表 11.4　习题 5 表 1

B - V	M_v	B - V	M_v
-0.061	8.71	-0.15	7.712
-0.093	7.394	-0.117	6.516
-0.145	8.03	-0.059	8.202
-0.182	7.726	-0.072	8.044
-0.063	6.874	-0.11	7.862
-0.135	7.653	-0.076	7.49
-0.198	5.447	-0.084	8.036
1.642	4.816	-0.12	8.042
0.065	9.757	0.149	10.244
0.3	10.931	0.417	11.633
0.4	11.334	0.061	9.763
0.426	11.631	0.151	10.308
0.222	10.535	0.017	9.61
0.161	10.198	0.29	10.863
0.336	11.281	0.199	10.527
0.069	9.891	—	—

(1)根据表 11.4 中给出的 B - V 色指数和 V 星等(M_v)数据,画出色指数 - 星等图,这些数据经过了消光改正。

(2)根据星团赫罗图中的零龄主序(Zero Age Main Sequence,ZAMS)求出该星团的距离。ZAMS 上的绝对星等与 B - V 色指数的关系已列于表11.5中。

表 11.5　习题 5 表 2

B − V	M_v(ZAMS)	B − V	M_v(ZAMS)
−0.29	−3.0	−0.277	−2.5
−0.26	−2.0	−0.24	−1.5
−0.22	−1.0	−0.2	−0.5
−0.175	0.0	−0.138	0.5
−0.1	1.0	−0.045	1.5
0.04	2.0	0.1	2.25
0.165	2.5	0.27	3.0
0.37	3.5	0.415	3.75
0.46	4.0	—	—

6.（2013 年广东省中小学生天文奥林匹克竞赛初赛低年组观测与应用 4）测光是现代天文学研究中最基础的手段之一，测光就是测量星星在一定波长范围内辐射流量的大小，通俗点讲就是测量星星有多亮。下面是测光的简单应用实例（本题中所有小题都可忽略消光效应）。

（1）从 SIMBAD 数据库查出恒星 HD70158 的测光数据见表 11.6（表中的结果是视星等），可惜数据库上并没有给出恒星的距离信息，但凭着测光数据，以及对已知恒星的统计规律，还是能够估算出它的距离。

（2）根据表 11.6 的测光数据，以下（　　）说法正确。

A. HD70158 的 B 波段绝对星等为 9.56

B. HD70158 的 V 波段视星等为 9.21

C. HD70158 的 U 波段视星等为 8.37

D. HD70158 的 J 波段绝对星等为 8.499

（3）"色指数"常被用来描述恒星的光谱类型，一般把偏蓝波段和偏红波段的星等差称为色指数。如色指数 B − V 就是指 B 波段（蓝色）的星等值，减去 V 波段（黄色）的星等值得出的差。HD70158 的色指数 U − B 是（　　）。

A. 0.76　　B. 0.34　　C. 0.03　　D. −0.34

(4)由图11.4的双色图可猜测,HD70158是一颗(　　)。(提示:看看它的色指数组合在哪类物体的曲线上。)

A. 主序星　　B. 蓝巨星　　C. 完美黑体　　D. 以上猜测都不合理

(5)通过(4)的结果,再由赫罗图(图11.5)可知HD70158在V波段的绝对星等约为(　　)。

C. -1　　B. 1　　C. 3　　D. 5

(6)因此通过距离模数,可以估算出HD70158的距离为(　　)。

A. 227 ly　　B. 175 pc　　C. 1 430 ly　　D. 1.1 kpc

表11.6　恒星HD70158的测光结果,显示该星不同波段上的视星等数值

波段	U	B	V	J	H	K
亮度(星等)	9.59	9.56	9.21	8.449	8.370	8.305

图11.4中横坐标为B-V,纵坐标为U-B,两者皆为色指数,因而得名。它在一定程度上反映了天体的类型。不同亮度型的恒星,在双色图上随光谱型(即随B-V)的变化经常会有差异。图中已经标出主序星、超巨星两种亮度型的恒星,以及黑体在双色图上的曲线。

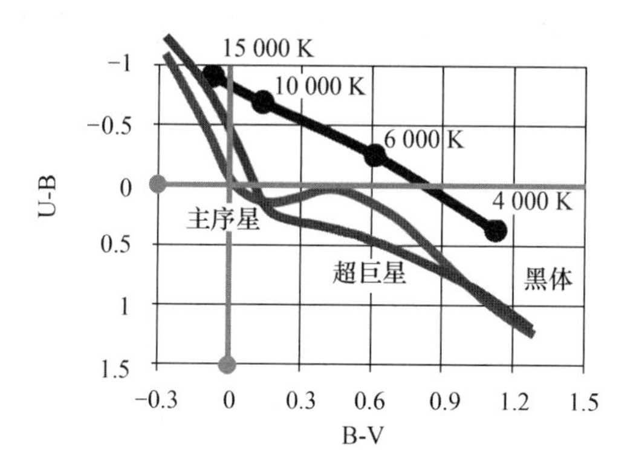

图11.4　双色图

图11.5中横坐标是色指数B-V,纵坐标是V波段绝对星等。(Supergiants-超巨星,Bright Giants-亮巨星,Giants-巨星,Subgiants-亚巨星,Dwarfs-矮星或叫主序星(Main Sequence),White Dwarfs-白矮星。)

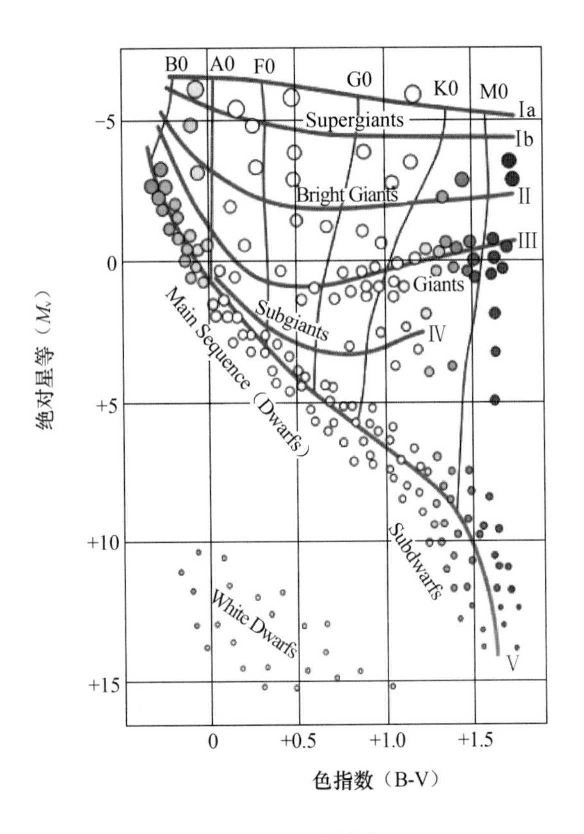

图 11.5　赫罗图

本题图片来源:美国变星观测者协会。

第 12 章　星等与亮度

12.1　照度学物理量

照度学中有很多专有名词,其中一些在天文学中有不同的叫法,甚至是常用表示符号也不同,容易引起混淆,所以本节课首先对它们进行区分。

12.1.1　辐通量 Φ(单位 W)

辐通量是指通过特定平面的辐射功率。其定义类似于高中阶段讲到的磁通量,且其表示符号与磁通量一样为 Φ,只不过通过曲面(高中阶段经常为平面)的量由磁场变为辐射,且辐通量多考虑了时间 t。

图 12.1 所示为磁通量示意图。

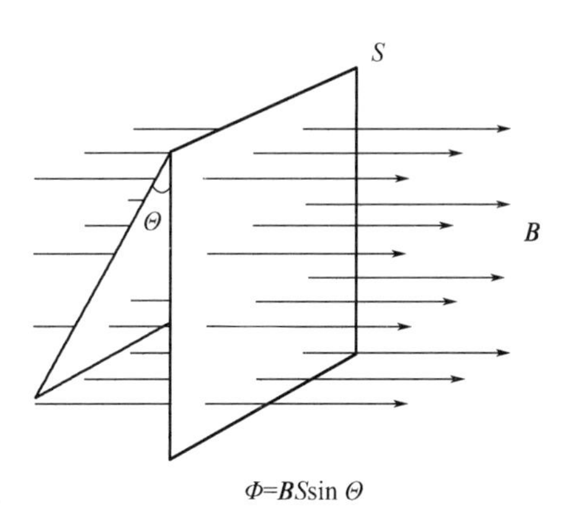

图 12.1　磁通量示意图

把图 12.1 中的直线由磁感线变为光线,再除以光线通过的时间,就成了辐通量。对于恒星,这个面通常为球面。

辐通量表示物体本身发出辐射强度的大小。在天文学中,光度即表示辐通量。恒星的光度由斯特藩－玻尔兹曼定律计算：

$$L = 4\pi R^2 \sigma T^4 \tag{12.1}$$

式中，L 表示恒星的光度；σ 表示斯特藩－玻尔兹曼常数。

注意：此处已经出现了物理学与天文学中对同一性质的表示符号的偏差，请读者区分好。

12.1.2　辐射出照度 M（单位 $\mathrm{W/m^2}$）

辐射出照度是单位面积的发光功率。

对于恒星，面积指恒星的表面积。有一点非常重要，对于恒星，认为其发光的位置是恒星表面。因此辐射出照度中"单位面积"的面积指代恒星的表面积。恒星的辐通量除以表面积即为辐射出照度。写成微分式为

$$M = \frac{\mathrm{d}\Phi}{\mathrm{d}S} \tag{12.2}$$

如图 12.2 所示，辐射出照度表示图中恒星表面上单位面积（S 面）的发光功率。

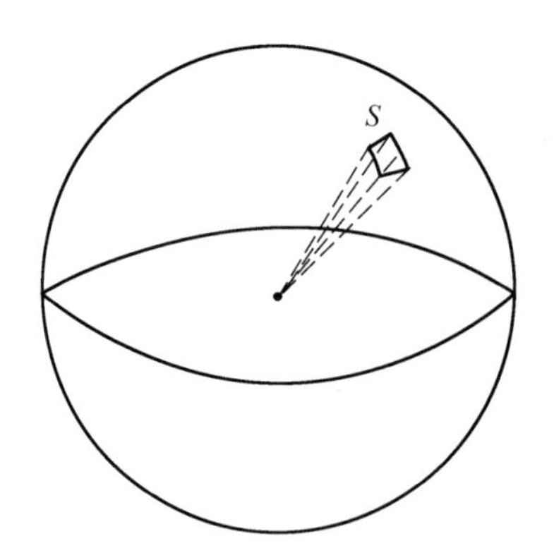

图 12.2　辐射出照度

12.1.3　辐亮度 L（单位 $\mathrm{Wm^{-2} \cdot sterad^{-1}}$）

辐亮度是单位面积、单位立体角的发光功率。辐亮度对频率或波长微分即为普朗克定律中的 B。可以将辐亮度理解为单位立体角的辐射出照度，写成微分式为

$$L = \frac{\mathrm{d}M}{\mathrm{d}\Omega} \tag{12.3}$$

恒星发光的位置是恒星表面,所以立体角是以恒星表面的某个点为中心进行度量的。因为辐射出照度已经选取了单位面积,取该单位面积的中心为原点即可。

辐亮度如图 12.3 所示,图中的 S 即为上图中选取的 S。图中所作的球面的大圆与 S 面平行。辐亮度表示恒星在单位面积(S 面)上向某个方向(Ω 方向)的辐射功率。

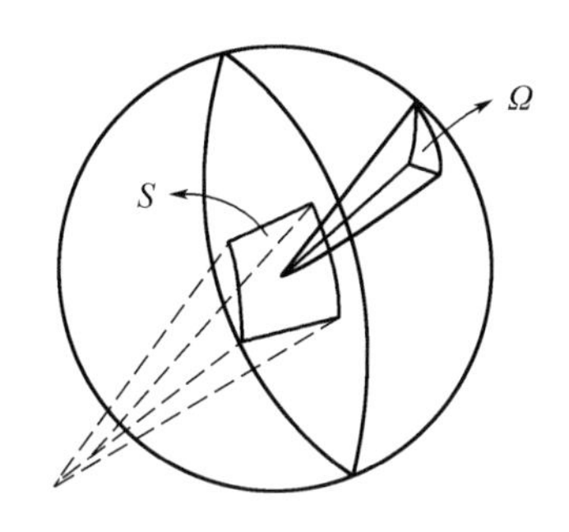

图 12.3　辐亮度

注意:物理学中辐亮度与天文学中光度的符号都是 L,但二者并不是同一事物(单位不一样)。

12.1.4　辐照度 E(单位 W/m^2)

辐照度是单位面积上接收的辐射功率。前面三个物理量表示的都是“发光”的性质,即辐通量、辐射出照度、辐亮度都只与光源本身相关。而辐照度是“接收”的辐射功率,它的数值与观测者也有关系。

如图 12.4 所示,辐照度表示穿过图中接收面上单位面积($\mathrm{d}S$ 面)的辐射功率。

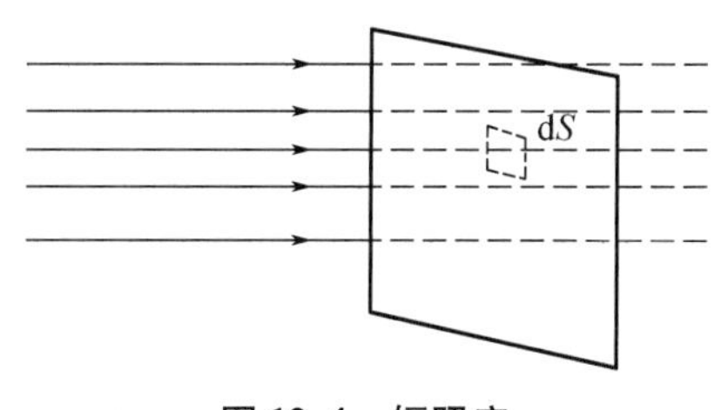

图 12.4　辐照度

从物理学的定义出发来了解辐射各方面性质的表述,有助于后面对天文学中光度学相关知识的学习。另外,上面各个参数的表示符号是物理学中常用的表示符号,天文学中与其中表示含义相同的参数有时有不同的表示符号。

12.2 星　　等

以下部分所用公式中的表示符号均为天文学中常用的。

12.2.1 星等与亮度

星等计算的普森公式为

$$m_1 - m_2 = -2.5\lg\frac{E_1}{E_2} \tag{12.4}$$

式中,E 为天体的亮度。

单位时间内接收到的来自天体的光子数目越多,看到的天体就越亮,即亮度越高。光子数目又与辐射的能量直接相关,所以亮度反映的是单位时间内的光子能量,即辐射功率。

另外,天体的亮度不会因为接收面积的增大而增大。用大望远镜和小望远镜看同一个 3.5^m 的天体,虽然接收到的光增多了,但这个天体的星等值不会改变,仍然为 3.5^m。

所以可以猜想亮度表示的是单位面积上接收的辐射功率,即辐照度,事实也是如此。亮度与光度的关系(即辐照度与辐通量的关系)满足:

$$E = \frac{L}{S} = \frac{L}{4\pi d^2} \tag{12.5}$$

式中,L 表示天体的光度;d 表示天体与观测者间的距离。

对式(12.5)的理解:把天体从中心到无限远的空间微分成一个个球壳。随着光线传播,光能从一个球壳传到相邻的下一个球壳中。由于能量守恒,每个球壳中的能量应当相等。所以距离恒星 d 处的球壳和距离恒星 R 处(R 为恒星半径)的球壳所含的能量相等,即半径为 R 的球壳中的总辐射功率等于恒星的发光功率。恒星的发光功率为其光度 L。

要计算距离 d 处单位面积的辐射功率,则用距离为 d 处的球壳的总辐射功率除以球壳的面积。

12.2.2　星等的定标

前文给出的普森公式用于计算两个天体的星等差。只有一个天体时,用

$$m = -2.5\lg E + C \tag{12.6}$$

式中,C 为常数。确定这个常数 C 的数值,即为星等的定标。

现在假设完全不知道喜帕恰斯对恒星星等的分类,不知道织女星是 0^m 星,只知道星等相差 1 m 则亮度差 2.512 倍。此时怎么确定哪颗星为 0^m 星?

读者可能会想,任意取一个亮度值 E_0,令亮度为 E_0 时的星等值为 0^m,由此建立一套新的尺度。但科学家却不是这么想的。科学家选定了若干恒星,测量出这几颗恒星在各个波段上的亮度,取这些亮度的平均值作为星等值为 0^m 时的亮度。

这种定标方式的特点是,不同波段的 0^m 星的亮度在数值上是不同的,即每个波段都有一个自己特定的 E_0。请读者思考为什么要采取这种定标方式。

历史上定标时采取的恒星不同则会产生不同的定标系统。现在仍有多套系统在使用,当然,它们的偏差都很小。

12.2.3　绝对星等

绝对星等是观测者在距离恒星 10 pc 时观测到的恒星的星等值,公式为

$$\begin{aligned} M_1 - M_2 &= -2.5\lg\left(\frac{E_1}{E_2}\right) \\ &= -2.5\lg\left(\frac{\frac{L_1}{4\pi d^2}}{\frac{L_2}{4\pi d^2}}\right) \\ &= -2.5\lg\left(\frac{L_1}{L_2}\right) \end{aligned} \tag{12.7}$$

式中,$d = 10$ pc。

12.3　斯特藩－玻尔兹曼定律推导

斯特藩－玻尔兹曼定律为

$$L = 4\pi R^2 \sigma T^4 \tag{12.8}$$

式(12.8)可以从理论上推导出来,而其推导的开端就是普朗克定律:

$$\begin{cases} B(\nu,T) = \dfrac{2h\nu^3}{c^2} \cdot \dfrac{1}{e^{h\nu/(kT)} - 1} \\ B(\lambda,T) = \dfrac{2hc^2}{\lambda^5} \cdot \dfrac{1}{e^{hc/(\lambda kT)} - 1} \end{cases} \tag{12.9}$$

式中,h 表示普朗克常数;k 表示玻尔兹曼常数;c 表示真空中的光速;ν 表示光的频率;λ 表示光的波长。

$B(\nu,T)$表示单位面积、单位频率(或单位波长)、单位立体角的辐射功率。可以发现普朗克定律中的$B(\nu,T)$最接近于上述讲到的辐亮度。普朗克定律中单位面积、单位立体角的定义都与恒星的辐亮度中单位面积、单位立体角的定义一致。

只要把后面这几个"单位 XX"消掉,就能得出斯特藩－玻尔兹曼定律了。

正常情况下,"单位 XX"表示的是一个微分的过程,消掉它意味着要经历一个积分的过程。不过,因为恒星是理想黑体,其表面各部分的辐射功率是相等的,所以这个参数可以直接运用乘法消掉,将其留到最后。现在运用积分将"单位频率"消掉,即

$$\begin{aligned} B(T) &= \int_0^\infty B(\nu,T)\,d\nu \\ &= \frac{2h}{c^2}\int_0^\infty \frac{\nu^3\,d\nu}{e^{h\nu/(kT)} - 1} \end{aligned} \tag{12.10}$$

式中,$B(T)$表示单位面积、单位立体角的辐射功率。这个 B 虽然和普朗克定律中的 B 符号一样,但二者单位不同。

因为要计算的是所有波段上辐射的总和,所以需要对所有频率进行积分,因此积分的上下限分别为∞与 0。如果不想计算所有波段,而是要计算某一特定波段,则改变积分上下限,即

$$B(T)=\int_{\nu_1}^{\nu_2}B(\nu,T)\mathrm{d}\nu$$

特别地，如果 ν_1 和 ν_2 非常接近，即这一波段非常窄，可以认为辐射功率在这两个波段之间不发生变化，有

$$B(T)=B(\nu,T)\cdot\nu$$

这个知识会在下面用到。

回到对所有波段积分的式子上，为了方便积分，进行换元，令

$$x=\frac{h\nu}{kT} \tag{12.11}$$

式中，h、ν、T 均为常数（现在对一颗恒星的频率进行积分，同一恒星表面温度可以视为处处相等，所以为常数），则有

$$\mathrm{d}x=\frac{h}{kT}\cdot\mathrm{d}\nu \tag{12.12}$$

代入式(12.11)，将 ν 与 $\mathrm{d}\nu$ 用 x 表示，有

$$\begin{aligned}B(T)&=\frac{2h}{c^2}\int_0^\infty\frac{\left(\frac{kTx}{h}\right)^3\cdot\frac{kT}{h}\mathrm{d}x}{\mathrm{e}^x-1}\\&=\frac{2h}{c^2}\cdot\frac{k^4T^4}{h^4}\int_0^\infty\frac{x^3\mathrm{d}x}{\mathrm{e}^x-1}\end{aligned}$$

提取出其中的变量与常数（现在要用这个公式来求解不同恒星的辐射与表面温度的关系，不同恒星的表面温度一般不同，所以 T 为变量），可以将其化简为

$$B(T)=CT^4 \tag{12.13}$$

式中，C 表示常数，其值为

$$C=\frac{2k^4}{c^2h^3}\cdot\int_0^\infty\frac{x^3\mathrm{d}x}{\mathrm{e}^x-1} \tag{12.14}$$

式子中的积分式只能运用计算器，其近似积分解为

$$\int_0^\infty\frac{x^3\mathrm{d}x}{\mathrm{e}^x-1}\approx\frac{\pi^4}{15} \tag{12.15}$$

所以有

$$C = \frac{2k^4}{c^2h^3}\frac{\pi^4}{15} \tag{12.16}$$

积分函数图像如图 12.5 所示。

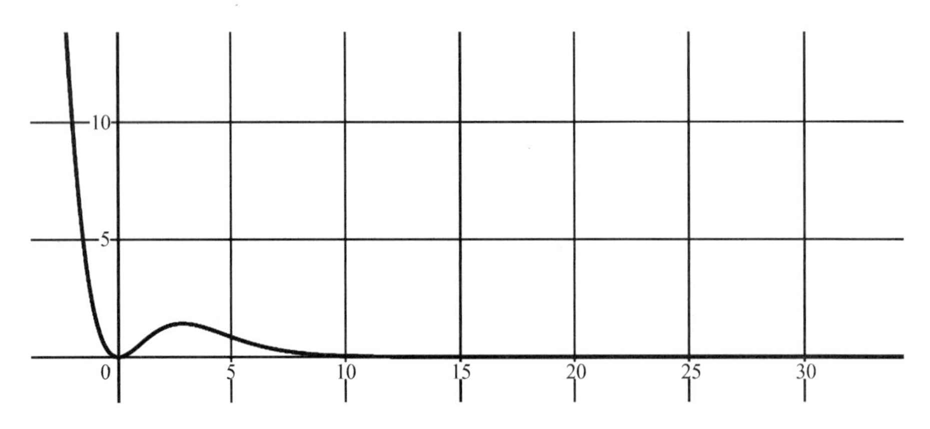

图 12.5　积分函数图像

消掉“单位频率”之后,接下来消“单位立体角”。因为这一部分比较难,记住结论即可——立体角积分后为 π。

$$F = \pi \cdot B(T) = \pi \cdot CT^4 = \sigma T^4 \tag{12.17}$$

式中,F 为单位面积上的辐射功率;σ 为斯特藩 - 玻尔兹曼常数。

最后消掉“单位面积”,上面讲到恒星表面积的积分可以直接运用乘法:

$$L = S \cdot F = 4\pi R^2 \sigma T^4 \tag{12.18}$$

即可得到斯特藩 - 玻尔兹曼定律。

上面推导过程中出现的

$$F = \sigma T^4 \tag{12.19}$$

可以作为中间结论记下。有时计算一些非球面天体时需要用到这个公式。

另外,关于普朗克定律和恒星辐射还有一个很重要的公式,即

$$f(\nu) = B(\nu, T) \cdot \Omega \tag{12.20}$$

式中,$f(\nu)$ 表示单色光的亮度,单位为 $\mathrm{Wm^{-2}Hz^{-1}}$,可以理解为单位频率、单位面积上接收的辐射功率;Ω 表示观测者看天体的立体角大小。

注意:普朗克定律中的立体角是以恒星表面某点为球面原点度量的,而此处的立体角是以观测者为球面原点度量的,二者有本质区别。

式(12.20)推导过程如下：

$$
\begin{aligned}
f(\nu) &= \frac{L}{4\pi d^2} \cdot \frac{1}{\Delta\nu} \\
&= \frac{4\pi R^2 F}{4\pi d^2} \cdot \frac{1}{\Delta\nu} \\
&= \frac{R^2 B(\nu, T)\pi\Delta\nu}{d^2} \cdot \frac{1}{\Delta\nu} \\
&= \frac{\pi R^2}{d^2} \cdot B(\nu, T) \\
&= \Omega \cdot B(\nu, T)
\end{aligned}
$$

由

$$\Omega = \frac{\pi R^2}{d^2}$$

可以很明显地看出，这里的立体角是指观测者看天体的立体角，也就是天球上天体的角大小。

这个公式重要的原因是，平时观测时，f 是能够直接测量的物理量，Ω 也是可以直接测量的量，由此就可以根据普朗克定律推算天体的性质。

另外，天文观测中的辐射功率往往很小，这时用国际单位制就会引起不便，也用单位 Jy 来表示 f，即

$$1\ \mathrm{Jy} = 10^{-26}\ \mathrm{Wm^{-2}Hz^{-1}}$$

12.4　习　　题

1. 1 000 颗 8 等星聚集在一起的星等大约是多少？

2. 在古代的伏尔加地区有个被称为白豹的星座（PaA），恒星数与希腊字母数相同，已知 α_{PaA} 为 0.10^m，β_{PaA} 为 0.20^m，γ_{PaA} 为 0.30^m，依此类推，直至 ω_{PaA} 为 2.40^m，求该星座所有恒星的星等和。

3. 一行星由合到冲增亮了 0.85 星等，问这是哪个行星？

4. 用一台口径 60 cm 的天文望远镜观测冥王星轨道附近的柯伊伯带天体，理论上这台望远镜能看到的最小天体直径是多少？认为这些天体反照率

和冥王星相近,冥王星直径为 2 300 km,视星等为 14 等。

5. 如果人眼极限星等增加一等,估算能看到的恒星数目大约是之前的多少倍?

6. 地外熊和地外企鹅分别生活在星系中不同的行星系统里。它们来到一个由星际文明协会组织的峰会,峰会的举办地在宇宙深处,在这里没有天体的星等超过 1^m,而且地外熊和地外企鹅的家所在的恒星都能被肉眼看见,两个恒星的角距离为 30°。

考虑到主序星里只有 A 型到 M 型的恒星才有可能形成行星系统,求熊家的恒星和企鹅家恒星可能的最小和最大距离(假设地外生命的眼睛特性与人类相同,光谱型 A0 的恒星绝对星等为 $+0.5^m$,M9 的恒星绝对星等为 $+16^m$)。

7. 马门溪龙看到的恒星。一颗绝对星等为 -3.5^m 等的恒星在今天恰好能被人类用肉眼看到。如果这颗恒星在恐龙时期也恰好能被马门溪龙勉强看到,请用恰当的公式和数值推测说明,这颗恒星应经历怎样的演化过程。有关马门溪龙的相关数据自行回忆。

8. 天狼星 A 视星等为 -1.47,半径为 1.47 个太阳半径。天狼星 B 光谱型与天狼星 A 相同,暗 10 个星等,求天狼星 B 的半径。

9. Holmes 彗星长期以来都是一颗 17 等左右的天体,彗核的直径为 3.4 km,在 2007 年 10 月 23 到 25 日之间,彗星与其他天体发生碰撞,彗核炸裂成许多小碎片,导致其亮度突然增加到 2 等。估算彗星碎裂成多少块,以及碎片的平均大小。

10. 一个天体发出了一个很强的连续射电谱的脉冲,脉冲持续时间为 700 μs,其频率在 1 660 MHz 被观测到的流量密度为 0.35 kJy。如果已知该射电源的距离为 2.3 kpc,请估算出该射电源的温度。

11. 抄写一遍本节出现的结论公式。

12. (2007 年第 3 届 APAO 低、高年组第 1 题)超新星。有一星等为 21.04 等的星系,在其中发现了一颗超新星,超新星爆发后,星系的总星等(现在包括那颗超新星)为 20.64 等。问超新星极亮的视星等为多少?

13. (2009 年决赛高年组第 18 题)类地行星。2009 年 3 月 6 日发射的“开普勒”空间望远镜将对 10 万颗恒星进行为期 3.5 年的不间断观测,并且通过观测行星凌星来寻找太阳系外的类地行星。问题:(1)(3)从略,(2)“开普勒”对于 12 等恒星的测光精度为 1/50 000,若对于一颗亮度为 12 等的类太阳恒星,“开普勒”所能探测的其周围行星的最小半径是多少?

第 13 章　电磁辐射与恒星光谱

13.1　电磁辐射的产生

电磁辐射的产生机制有多种，本节主要学习其中的三种。

13.1.1　核反应

在《高中物理（选修 3－5）》中有，放射性元素衰变时会发射三种射线：α 射线（$_2^4He$）、β 射线（高能电子）与 γ 射线（高能光线）。在之前“恒星的演化”一节中，也讲到恒星核心热核聚变的反应式为

$$4_1^1H \longrightarrow _2^4He + 3\gamma + 2e^+ + 2\nu e$$

这个反应同样会产生 γ 射线。γ 射线即是频率极高、能量极大的电磁辐射。

恒星是靠核心的热核聚变反应发光的，其发出的光均来自于核心产生的 γ 射线。但接收到的恒星辐射中 γ 射线所占的比例很少，各个波长的光流量以黑体辐射的曲线分布。

这是因为恒星核聚变的部分（恒星核心）密度非常大，光线在恒星核心穿行时会受到内部物质的影响（如发生康普顿散射），其轨迹与频率会发生改变。这将导致两个结果：①恒星热核聚变发出的光要经过非常长久的时间才能从核心到达表面；②原先的 γ 射线变为了其他频率的光线，最后表现出统计规律呈现的黑体辐射。

《高中物理（选修 3－5）》中有，当对含氢气的玻璃管通电时，玻璃管会发光（这同时也是 LED 灯的原理）。这是因为电流给予了 H 原子一定能量，使 H 原子跃迁到了高能级（注意表述，是原子跃迁而非“电子跃迁”），电子跳到了能量更高的轨道。而高能量意味着不稳定，电子随后会自发跳回原先的轨道，并以光的形式散发能量，表现为发光。

图 13.1 所示为氢在通电情况下发光,是课本中的实验图示。

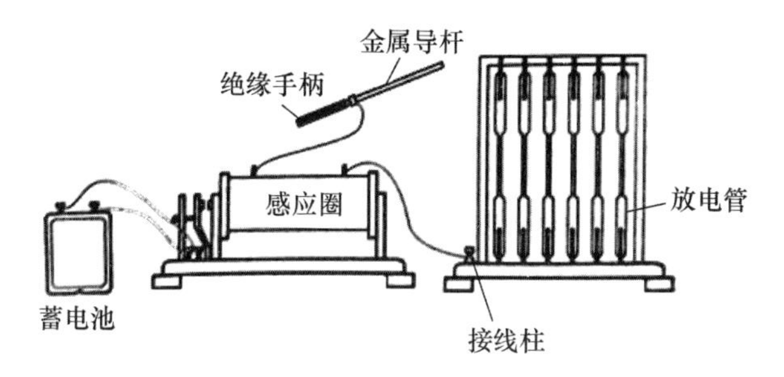

图 13.1　氢在通电情况下发光

除了通电,加热也能使原子由低能级跃迁到高能级。

原子跃迁发光有一个很重要的性质,就是光的频率是特定的。H 原子放电(加热)发出的光一定处于那几个特定的频率,其他原子也不例外。这种特定频率的谱线称为原子光谱。

图 13.2 所示为 H 原子在可见光波段的四条发射线,称为巴尔末线系。

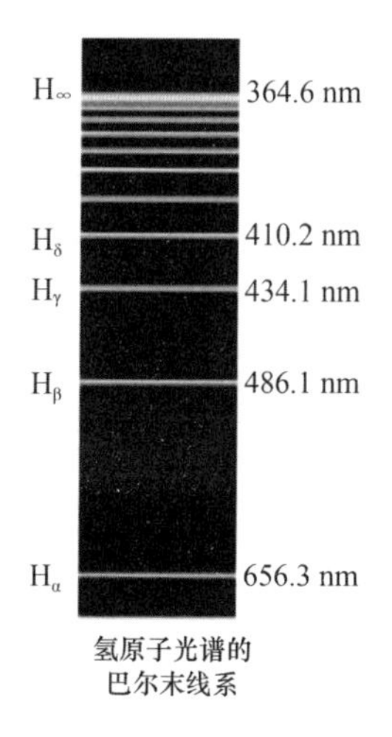

图 13.2　巴尔末线系

在学习原子光谱为什么特定时,从玻尔模型入手。虽然这个模型有较大的缺陷,但对于量子化的知识学习到这一步就可以了。

玻尔认为,原子中的电子在库仑引力的作用下,绕原子核做圆周运动,服从经典力学的规律。但不同的是,电子运行轨道的半径不是任意的,只有当半径的大小符合一定条件时,这样的轨道才是可能的。也就是说,电子的轨道是量子化的。电子在这些轨道电磁辐射与恒星光谱上绕核的转动是稳定的,不产生电磁辐射。

在玻尔的理论中,电子的轨道半径只可能是某些分立的数值。例如,氢原子中电子轨道的最小半径是0.053 nm,不可能再小了。电子还可能在半径是0.212 nm、0.477 nm 等的轨道上运行,但是轨道半径不可能是介于这些数值中间的某个值。[①]

玻尔模型的关键是认为电子轨道不是连续的,而是分立的。能量较低的轨道和能量较高的轨道之间的能量差是固定的。所以原子从高能级向低能级跃迁时,所释放的能量是确定的,即发出的光子的能量是确定的。因为光子的频率和能量直接相关,光的频率也就确定了。

玻尔模型的局限是保留了经典力学中的“轨道”思想,认为电子一定以确定的轨迹绕原子核运动。实际上,原子中电子的坐标没有确定的值。因此只能说某时刻电子在某点附近单位体积内出现的概率是多少。

13.1.2 氢 21 cm 谱线

氢 21 cm 谱线因其由氢原子发出波长接近 21 cm 而得名。21 cm 的光线在电磁波谱上的位置是微波,说明光子的能量很小。

天然氢原子由一个质子和一个环绕质子的电子组成。除了轨道运动以外,质子和电子都有自旋。质子和电子的自旋方向可能相同或相反。因为磁场和粒子的相互作用,一个由一个质子和一个电子组成的氢原子,在质子和电子自旋方向相同时的能量比自旋方向相反时的能量稍高,如图 13.3 所示。

氢原子中质子(或电子)自旋方向改变便会产生氢 21 cm 谱线,不过这个跃迁的概率极小(约为 $2.9\times10^{-15}\ s^{-1}$),几乎不可能发生,所以氢 21 cm 谱线为禁线,其无法在地球的实验室中出现。但在星际介质中,天然氢原子的含量相当大,补足了极小的概率,使氢 21 cm 谱线能被观测到。

氢 21 cm 谱线多用于星系的观测。

① 出自《高中物理(选修 3-5)》P57。

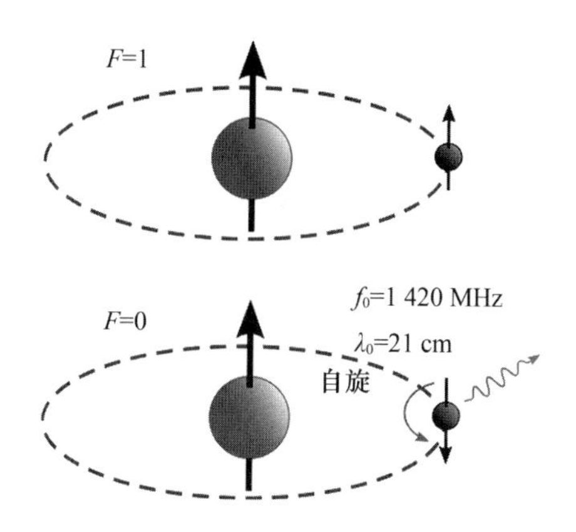

图 13.3　氢原子中质子与电子的自旋

13.1.3　总结

事实上光产生于微观结构的能量变化。一般越高能的天文过程产生的光能量越大。前面三种辐射产生机制其实同源同根，只不过其中涉及的结构不同，能量量级也就不同，最后导致光的频率不同。

核反应发生在原子核尺度，能量最高；21 cm 谱线发生在整个原子尺度，能量最低。另外，单一过程产生的光的频率都是确定的，即光的频率与反应过程有一对一的关系。恒星发出的光之所以不是频率极高的 γ 射线，只是因为光在核心内部发生了其他的作用。

13.2　光　子

光子对于高中阶段确实是很难理解，本书作者对其也了解不深，因此不做说明。

13.3　恒星光谱

13.3.1　黑体辐射

黑体是指辐射吸收率为 1（或反射率为 0）的物体，它会吸收所有落在它上面的辐射。处于稳定状态的黑体发出的能量与吸收的能量一定相等。

图 13.4 所示为黑体辐射,是《高中物理(选修 3 - 5)》中对黑体的举例。

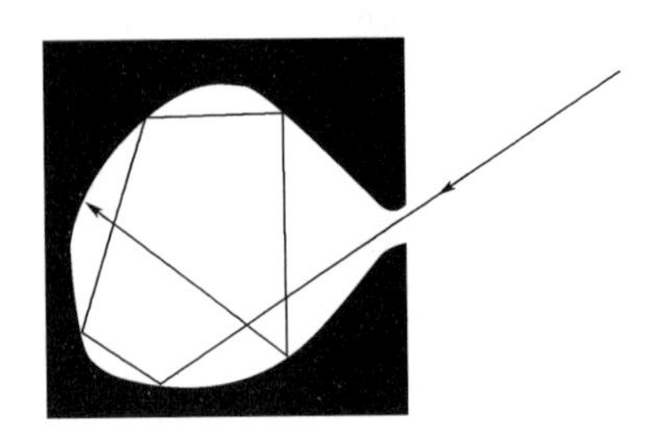

13.4　黑体辐射

图 13.4 在空腔壁上开一个很小的孔,射入小孔的电磁波在空腔内表面会发生多次反射和吸收,最终不能从空腔射出。这个小孔就成了一个绝对黑体,恒星可以近似看作黑体。黑体辐射即是指处于热力学平衡态的黑体发出的电磁辐射。黑体辐射的电磁波谱只取决于黑体的温度。图 13.5 所示为理想黑体辐射随波长的变化函数图。

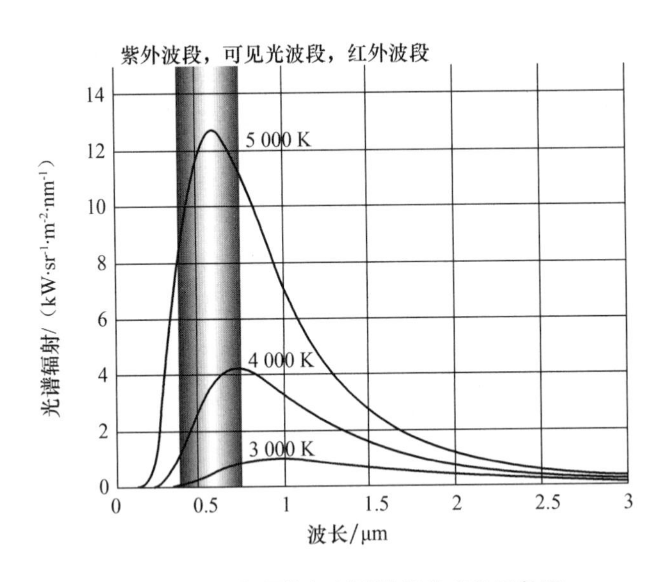

图 13.5　理想黑体辐射随波长的变化函数图

黑体辐射峰值的波长满足维恩位移定律:

$$\lambda = \frac{b}{T} \tag{13.1}$$

式中，b 为常数，$b \approx 0.0029\ \mathrm{m \cdot K}$。温度越高，辐射峰值的波长越小。如果代入太阳的温度，会发现太阳辐射峰值的波长刚好位于可见光波段。

黑体辐射的函数遵循普朗克定律：

$$\begin{cases} B(\nu, T) = \dfrac{2h\nu^3}{c^2} \cdot \dfrac{1}{\mathrm{e}^{h\nu/(kT)} - 1} \\ B(\lambda, T) = \dfrac{2hc^2}{\lambda^5} \cdot \dfrac{1}{\mathrm{e}^{hc/(\lambda kT)} - 1} \end{cases} \tag{13.2}$$

式中，h 表示普朗克常数；k 表示玻尔兹曼常数；c 表示真空中的光速；ν 表示光的频率；λ 表示光的波长；B 表示单位面积、单位频率（或单位波长）、单位立体角的辐射功率。B 在图中表示为纵坐标的值。

另外，在普朗克定律被提出之前，科学家分别从两种思路推导出了黑体辐射的函数，但都不够准确。两种思路推导出的公式分别为瑞利－金斯定律与维恩定律（不是维恩位移定律）。瑞利－金斯定律只在长波段符合黑体谱，维恩定律只在短波段符合黑体谱。图 13.6 所示为三个定律图像。

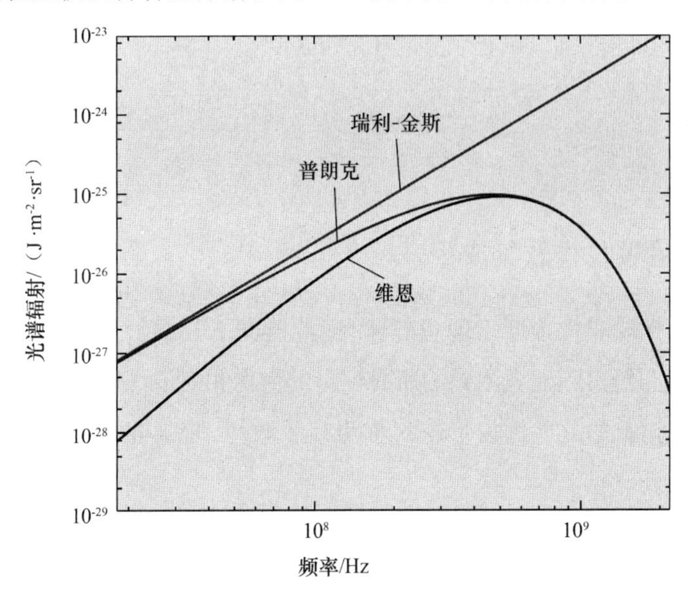

图 13.6　三个定律图像

图 13.6 中瑞利－金斯定律在长波段的拟合很好,且其形式比普朗克定律简洁:

$$B(\nu,T)=\frac{2kT\nu^2}{c^2} \tag{13.3}$$

在计算射电波段的辐射时,直接用瑞利－金斯定律,可以减少敲击计算器的次数。瑞利－金斯定律还可以由普朗克定律直接推出。

对于波长较长的波段,即频率较小的波段,可认为

$$\frac{h\nu}{kT}\ll 1 \tag{13.4}$$

由高中数学常用的黄金代换式:

$$e^x\approx x+1(x\ll 1) \tag{13.5}$$

有

$$e^{h\nu/(kT)}-1\approx\frac{h\nu}{kT} \tag{13.6}$$

代入普朗克定律,有

$$\begin{aligned}B(\nu,T)&=\frac{2h\nu^3}{c^2}\cdot\frac{1}{e^{h\nu/(kT)}-1}\\&=\frac{2h\nu^3}{c^2}\cdot\frac{kT}{h\nu}\\&=\frac{2kT\nu^2}{c^2}\end{aligned}$$

13.3.2 暗吸收线及其成因

恒星的性质非常接近于理想黑体,正常情况下其辐射强度应该与黑体辐射函数重合。但实际上观测到的所有恒星的光谱相对于黑体谱都有偏差。

恒星光谱上的这些锯齿形缺口称为暗吸收线,暗吸收线的成因是前面讲到的原子跃迁。

原子跃迁除了能够发出光线,还能吸收光线。当原子碰到光子且光子的能量($E=h\nu$)恰好等于原子跃迁的能量差时,原子吸收光子并跃迁,表现为吸收光。原子跃迁后处于不稳定的状态,会自发地跃迁回低能级,并释放出与吸收的光子同等频率的光子。光线看似有进有出,不应该会减弱。

图 13.7 所示为理想辐射与实际观测辐射。

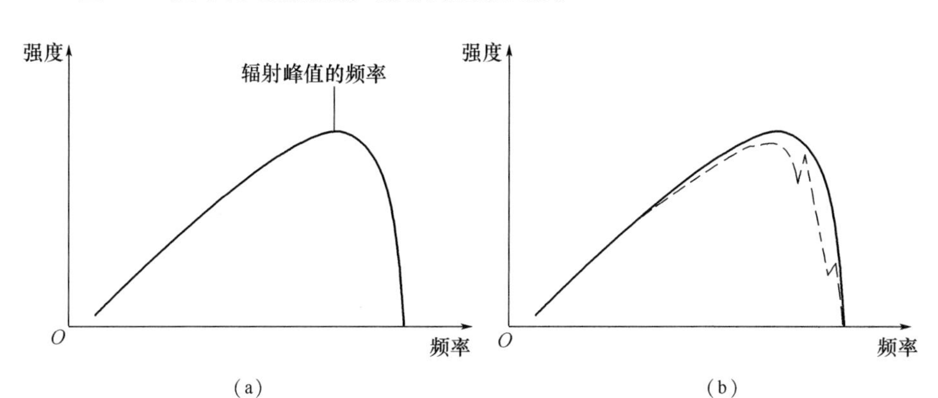

图 13.7　理想辐射与实际观测辐射

关键在于,一般情况下,原子跃迁(图 13.8)到高能级时吸收的光只来自于一个方向,而跃迁到低能级时释放的光却是向四面八方的。这样原先路径上的光子数就必然会减少,光线就变暗了。

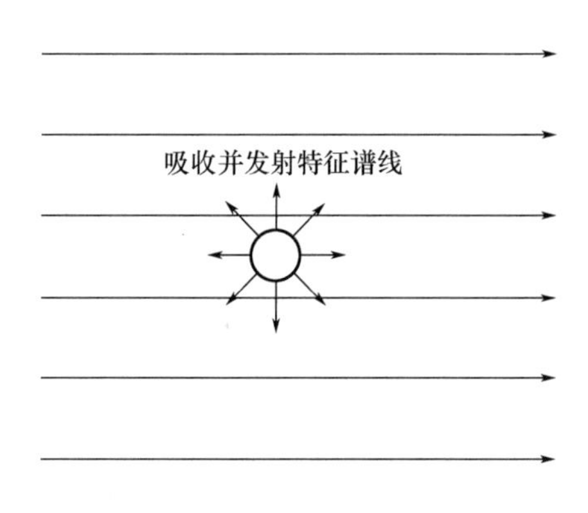

图 13.8　原子跃迁

对于恒星,暗吸收线产生的位置是恒星的表面,因此恒星表面温度与光谱有很明显的对应关系。

13.3.3　暗吸收线与温度

给原子定义基态、激发态、电离态三种状态。

处于基态的原子是能量最低的原子,此时原子不够活跃,很难吸收并发射特征谱线。处于激发态的原子是能够轻易吸收并发射特征谱线的原子，吸收线的强度直接与处于激发态的原子数目有关。处于电离态的原子（此时称离子更合适）的电子已经脱离原子核的束缚，此时不存在原子跃迁，因为原子跃迁是电子位置的变化。

很明显，三种原子含有的能量排序大小为：基态 < 激发态 < 电离态。

当环境温度越高时，原子所含的平均能量就会更高。已知，A 型星具有强 H 线，O 型星和 G 型星都只有弱 H 线。以这三类恒星为例来了解这个知识。

三类恒星中 G 型星表面温度最低，其表面的 H 原子能量较低，大部分处于基态，所以 G 型星的 H 线较弱。随着温度升高到 A 型星，恒星表面的 H 原子大部分由基态转变为激发态，所以 A 型星的 H 线最强。而到了 O 型星，恒星表面的 H 原子大部分处于电离态，激发态的原子数目骤减，所以 H 线强度变弱。

所以某条吸收线的强度是随着恒星表面温度先增大后减小的。图 13.9 所示为吸收线强度随温度的变化。

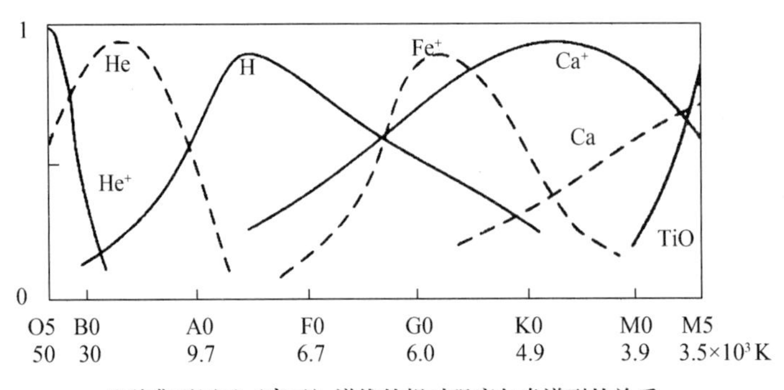

几种典型原子（离子）谱线的相对强度与光谱型的关系

图 13.9　吸收线强度随温度的变化

13.3.4　谱线致宽

吸收线是由原子跃迁产生的，所以每条吸收线都有特定的频率。那么按理说光谱中的吸收线应该是一条竖直的线，而不应该是锯齿形的线。谱线远离其所在频率而在原本波长附近左右延伸的现象称为谱线致宽。

谱线致宽有三种成因,热力学致宽、旋转致宽与碰撞、磁场致宽。但实际上,即使这三种致宽都不存在,谱线也不会是一条线。这是不确定性原理导致的,所以无法准确测量出谱线的频率,只能从理论上推导出。

热力学致宽是由组成恒星的原子的分子热运动产生的,属于多普勒频移的一种。组成恒星的原子无时无刻不处在运动中,当原子运动方向背向观测者时,其发出的谱线就会红移,反之则为蓝移。

旋转致宽是由恒星自转产生的(若对旋涡星系则为旋臂的运动),同样也是多普勒频移的一种。对于恒星而言,旋转致宽并不显著,但对星系而言,氢 21 cm 谱线的旋转致宽是测定其旋转速度的最常用方式。图 13.10 所示为天体物质因旋转而有速度。

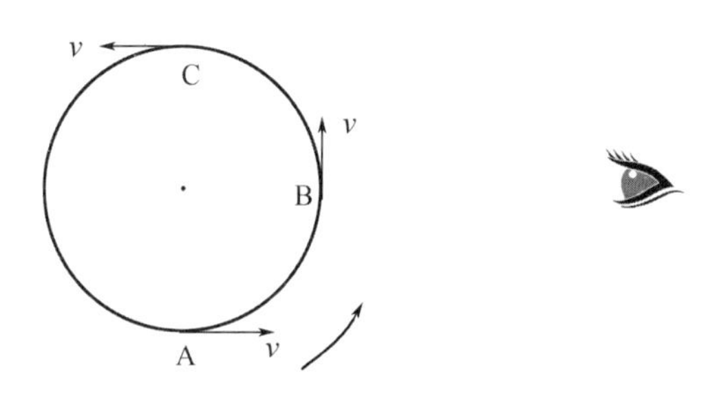

图 13.9　天体物质因旋转而有速度

不同位置的光谱位置会有所不同,如图 13.11 所示。

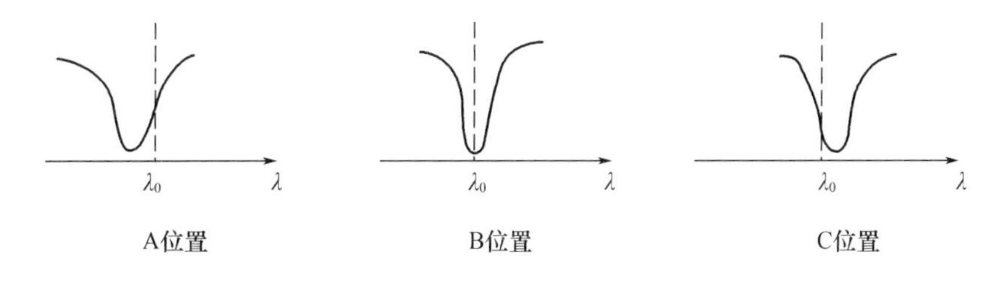

图 13.11　不同位置的光谱

将三张图重叠起来就会得到锯齿状的吸收线。

碰撞、磁场致宽比较复杂。另外需要注意的是,吸收线的宽度习惯上用半高全宽(也称谱线半宽)来测量,即谱线宽度 = 半高全宽。测量出理论辐射强度与实际谱线的谷底间的高度，取该高度的一半的位置，该位置的谱线宽度即半高全宽（图 13.12）。

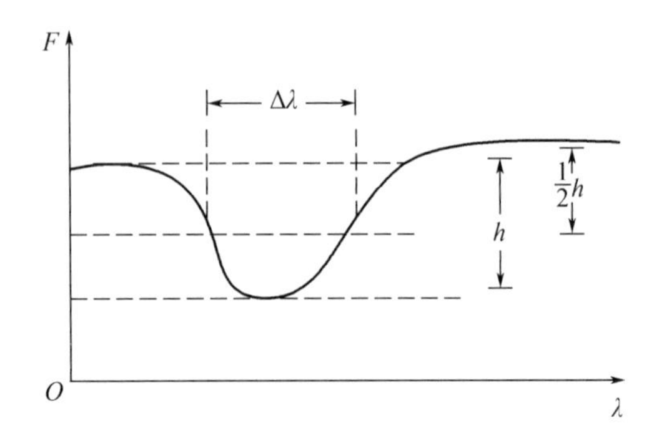

图 13.12　半高全宽

图 13.12 中，Δλ 表示半高全宽，即谱线宽度。

13.4　习　　题

1.（2007 年第 1 届 IOAA 第 9 题）对一个表面温度为 7 500 K，半径为 2.5 倍太阳半径的恒星，计算该恒星的总光度。请以太阳光度为单位，并假设太阳的表面温度为 5 800 K。

2.（2008 年第 2 届 IOAA 第 7 题）一个空间望远镜的灵敏程度使得它刚好能够探测到一个距离为 20 pc 的主序星，假设该望远镜的灵敏度对所有波段都是一样的。该恒星最终会变成一个红巨星，那时它的表面温度降为原来的 1/3，半径变成原来的 100 倍。请计算该恒星被这个空间望远镜刚好能探测到的最远距离。

第14章　星际测距

光速是有限的,因此看到的天体越远相应于宇宙的时刻越早。也就是说,在观察宇宙的纵深时,是用距离换取了时间。所以,测量天体的距离也成为天文学中的重要分支。

14.1　三角视差法

测量太阳系附近恒星的距离,依靠的是几何学方法。

当地球绕太阳公转时,恒星相对背景的视位置会发生相应的变化。如单用左眼看一个物体和单用右眼看一个物体时,物体在背景上的位置会有偏差。

时隔一定时间对一颗近距离恒星两次拍照,并进行比较,就可以测出该恒星在背景天空上的位移角度。

三角视差法1如图14.1所示,其中的椭圆为地球轨道(因透视原理才呈现椭圆),P 为要测量的恒星。

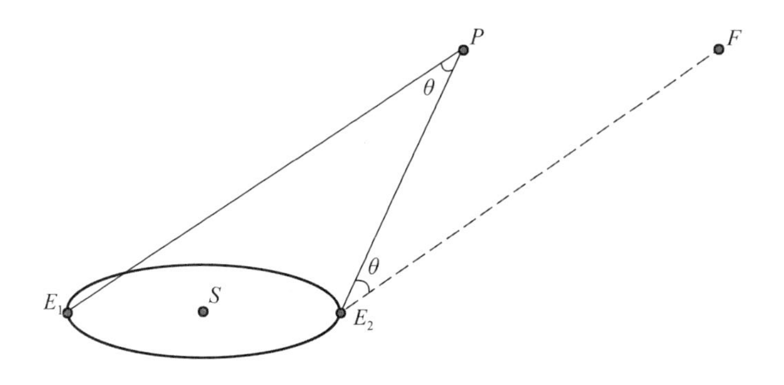

图14.1　三角视差法1

在 E_1 点和 E_2 点观测恒星,视线的方向会有所不同,而视线方向对应的便是恒星在天球上的位置。也就是说,射线 E_1P(也即 E_2F)与射线 E_2P 的夹角就是两次观测时恒星的角位移,即$\angle E_1PE_2$。

θ是可以直接测量的数值,那么,利用θ怎么求解恒星到太阳的距离呢(或者说恒星到地球的距离,这两个数值基本相等)?

过E_2作$E_2H \perp E_1P$于H点,将E_2H称为基线(注意:这里若过E_1作$E_1H \perp E_2P$也是可以的)。图14.2所示为三角视差法2。

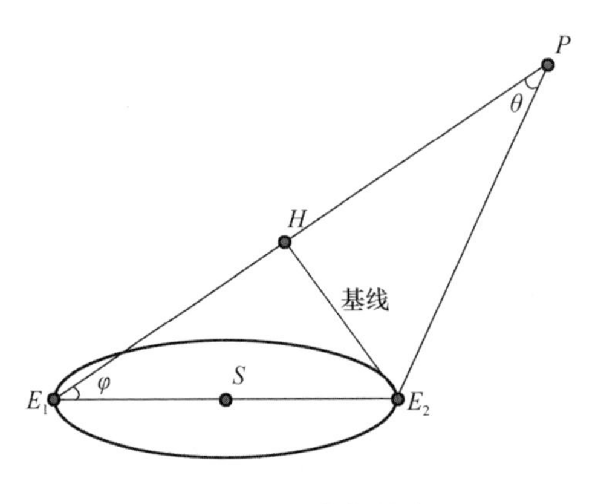

图14.2　三角视差法2

在三角形E_2HP中,有

$$PE_2 = \frac{HE_2}{\sin\theta} \tag{14.1}$$

当$\theta \leqslant 1$时(θ用弧度制表示),有

$$\sin\theta \approx \tan\theta \approx \theta \tag{14.2}$$

所以式(14.2)可写为

$$d = \frac{l_{基线}}{\theta} \tag{14.3}$$

基线的长度可由其他方式求出。如图14.2中的情况,可以解直角三角形E_1HE_2,有

$$l_{基线} = 2(\mathrm{AU}) \cdot \sin\varphi \tag{14.4}$$

式中,φ为测量得到的P星的黄纬。

科学家喜欢用1 AU作为基线。这种习惯对科学研究并不友好,因为观测时基线越长,测量出的精确度会越高。在某些特定情况下,测量恒星距离的最长基线可以达到2 AU(即上式中 $\sin\varphi=1$)。

当 $l_{基线}=1$ AU 时,有

$$d(\mathrm{AU})=\frac{1(\mathrm{AU})}{\theta(\mathrm{rad})}$$

将基线为1 AU时测量到的恒星视差称为周年视差(然而它跟周年并没有什么绝对关系)。根据角度制与弧度制的换算,有

$$1(\mathrm{rad})\approx 57.3^{\circ}=206\,265''$$

定义恒星周年视差 θ 为1″时的距离 d 为1 pc,则有

$$1(\mathrm{pc})=\frac{1(\mathrm{AU})}{\frac{1}{206\,265}(\mathrm{rad})}$$

同时,如果已知恒星 P 的周年视差 $\theta('')$,可以直接用公式

$$d(\mathrm{pc})=\frac{1}{\theta('')}$$

解出恒星用秒差距(pc)表示的距离。

14.2 变星测距

变星是指光度会随时间变化而发生周期性或非周期性变化的恒星。其中一些周期性变星的光度与其光变曲线有一定联系,由此可以确定其绝对星等 M,再根据距离模数公式:

$$m-M=5\lg r-5 \tag{14.5}$$

即可解出距离。变星测距能够测量的范围与变星的分布(有没有)及光度(看不看得到)有关。

实际运用时先根据变星的光变曲线判断出它属于哪一类变星,而后根据这一类变星的特殊性质来得出其光度。

14.2.1 造父变星

经典造父变星多位于旋涡星系的旋臂上,属于星族Ⅰ,光谱型大致为F~G。经典造父变星光变曲线,如图14.3所示。

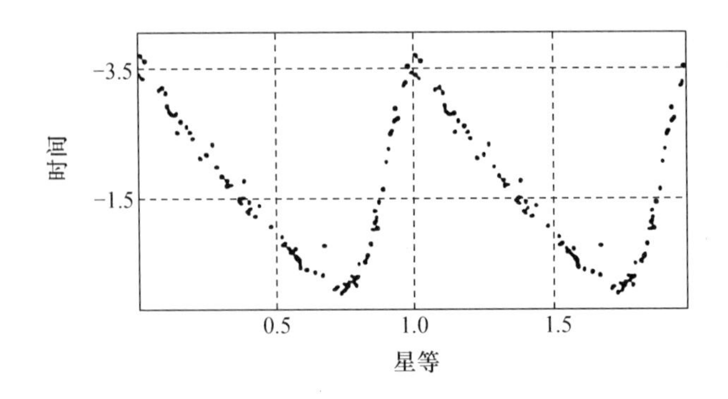

图 14.3 经典造父变星光变曲线

造父变星具有一定的周光关系，即其周期与光度有可拟合的函数关系。20 世纪 90 年代测量出的造父变星周光关系（与现在的测量值应当偏差很小）为

$$\langle M_v \rangle = -2.81\lg P - 1.43 \tag{14.6}$$

式中具体数值无须记忆，因为这个知识多以实测题的形式出现，而实测题的拟合函数多是要自己根据题目给出的数据拟合的，最后拟合出的结果一般与上式不同。

只需要记住，造父变星的绝对星等与其光变周期的对数值呈一次函数关系，也就是说，造父变星的光度与其光变周期呈一次函数关系。

有另一类造父变星，称为星族Ⅱ造父变星，其多位于旋涡星系的球状星团中，在椭圆星系中也有发现，也称室女座 W 型变星。光谱型大致为 F ~ K。室女座 W 型变星与经典造父变星一样具有周光关系，光度与光变周期呈一次函数关系。但其周光关系的拟合函数的系数与零点不同。

14.2.2 天琴座 RR 型星

天琴座 RR 型星光谱型大多为 A 型，少部分为 F 型。其光变幅度为 $0.5^m \sim 1.5^m$，光变周期短。天琴座 RR 型不像造父变星一样具有周光关系，但其绝对星等大致相同，为 0.6^m。所以只要测出其目视星等，就可以根据距离模数公式求出其距离。

天琴座 RR 型星用于测距的缺点是其精度不高，而且其绝对星等值较高，光度小。因此只有距离较近的天琴座 RR 型星可以被精确观测到。图 14.4 所示为三类变星拟合图像。

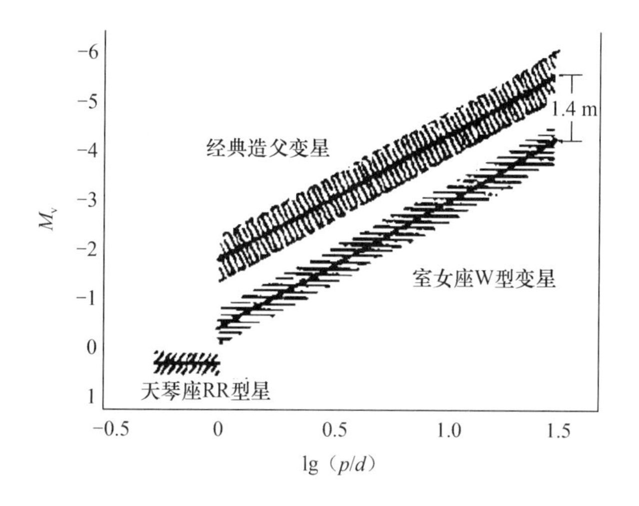

图 14.4 三类变星拟合图像

14.3 超新星测距

Ⅰa 型超新星是由双星系统中的白矮星吸收伴星质量后，本身质量达到钱德拉塞卡极限（$1.44M_{太阳}$），白矮星坍缩并引发整个天体碳聚变产生的。因为Ⅰa 型超新星爆发时白矮星的质量相等，爆发后其绝对星等基本相等。

典型的Ⅰa 型超新星亮度极大时（光变曲线的峰值）的绝对星等为 -19.3^m。其精度高且光度大，被称为“标准烛光”。

如果观测到了超新星爆发，且根据光变曲线判断出其是Ⅰa 型超新星，就可以直接利用其理论绝对星等 M 和观测星等 m，运用距离模数公式：

$$m - M = 5\lg r - 5 \tag{14.7}$$

求解出其距离。Ⅱ型超新星是由中子星坍缩并爆发产生的，其亮度极大时的绝对星等为 -18^m。Ⅱ型超新星也可以作为测距的标准，但因为中子星爆发时的情况复杂，其精度并不高。

14.4 哈勃关系

对于遥远天体(如河外星系),可以根据其宇宙学红移来计算其距离。

红移为

$$z = \frac{\lambda - \lambda_0}{\lambda_0} \tag{14.8}$$

式中,λ 为谱线观测波长;λ_0 为谱线实验波长,即原始波长。

哈勃定律为

$$H_0 \cdot d(\mathrm{Mpc}) = c(\mathrm{km/s}) \cdot z \tag{14.9}$$

式中,H_0 为哈勃常数,$H_0 \approx 70\ \mathrm{km \cdot s^{-1} \cdot Mpc^{-1}}$(注意:哈勃常数的单位);$c$ 为光速,$c = 3 \times 10^5\ \mathrm{km/s}$。有时也会用到退行速度 v,当 $z < 0.1$ 时,不考虑相对论,有

$$v = cz \tag{14.10}$$

当 $z > 0.1$ 时,需要考虑相对论,有

$$\begin{cases} 1 + z = \sqrt{\dfrac{c + v}{c - v}} \\ v = \dfrac{(z+1)^2 - 1}{(z+1)^2 + 1} \cdot c \end{cases} \tag{14.11}$$

式(14.11)中两式等价。

14.5 其他测距方式

下面的测距方式在科研中也是很重要的方法,但它们考到的比较少(也没什么可以考的),只做简单了解即可。

14.5.1 雷达测距

现代最精确的测距方法之一是雷达测距(激光测距)。这种测距方法需要在目标天体上安装信号接收器与发射器。但恒星间的距离太远,最近的距离也要以光年计。因此,雷达测距的方法对于更远的天体并不现实,这种测距方

法只适用于太阳系内的天体图。图14.5所示为安置在月球上的复归反射器(LRRR)。

图14.5 安置在月球上的复归反射器(LRRR)

14.5.2 分光视差法

在一些光谱型相同的恒星的光谱中,有一些谱线的强度只随光度改变,例如Sr Ⅱ 4078 Å与Fe Ⅰ 4072 Å等。这样只要拟合出这些谱线的强度与光度的函数关系,就可以测量出该类恒星的光度(谱线强度通过分光可以直接测量),从而继续运用距离模数公式解出距离。

14.5.3 主星序重叠法

主星序重叠法适用于测量星团的距离。这个方法的主要步骤如下。

(1)测量目标星团中大量恒星的视星等和光谱型,做出一张赫罗图。

(2)将该赫罗图与太阳附近主序星的赫罗图(绝对星等-光谱型赫罗图)放在一起,对准横纵坐标。

(3)测量出两张赫罗图主序星的星等差μ,其代表距离模数公式中的值,从而求出该星团的距离。

显然,这一方法的依据是,光谱型相同的主序星都有差不多相同的绝对星等。其只能用于测量星团距离的原因是，面对一颗孤零零的恒星，无法判断其是否为主序星，而在一个星团中，大部分的恒星应当位于主星序上（即大部分恒星为主序星）。最后是比对两张图主序星的差值，来作为距离模数。

14.5.4 T－F 关系

T－F 关系用于测量旋涡星系的光度，是 Tully－Fisher 关系的简称。这两位科学家发现旋涡星系的内在光度与其渐近旋转速度或发射线宽度之间存在一种经验关系，即

$$L_{\text{旋涡星系}} \propto v^4 \tag{14.12}$$

式中，$L_{\text{旋涡星系}}$ 表示旋涡星系的光度；v 表示其渐近旋转速度。

旋涡星系的旋转速度与中心距离的关系，如图 14.6 所示。

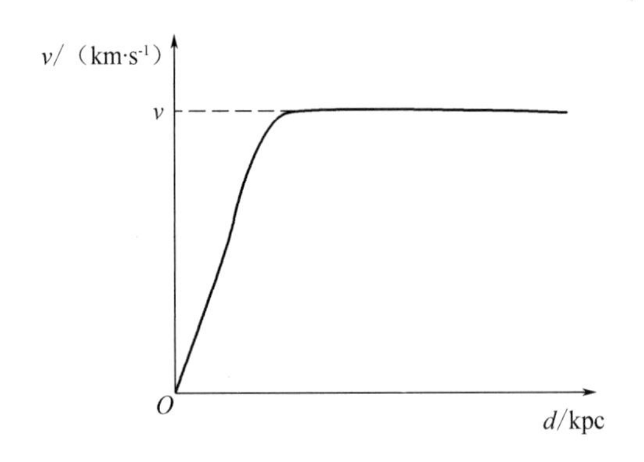

图 14.6　旋涡星系的旋转速度与中心距离的关系

转动曲线（速度分布曲线）中的平坦部分即为旋涡星系的渐近旋转速度。

通常不能直接观测到旋涡星系的渐近旋转速度，能直接观测到的是星系的谱线展宽。旋涡星系的旋臂有朝向相对观测者的运动和背向观测者的运动。朝向观测者的旋转会使谱线蓝移，背向观测者的旋转会使谱线红移。这两者结合就导致了谱线展宽。

根据多普勒位移，有

$$v_1 = c \cdot z = c \cdot \frac{\Delta\lambda}{\lambda_0} \tag{14.13}$$

式中，$\Delta\lambda$ 为谱线在红移方向或蓝移方向上的波长展宽；λ_0 为谱线的原始波长。

一般观测旋涡星系时用氢 21 cm 谱线。

注意:这里求出来的是星系渐近旋转速度在指向观测者方向上的分量(图 14.7),其与渐近旋转速度的关系为

$$v = \frac{v_1}{\cos\theta}$$

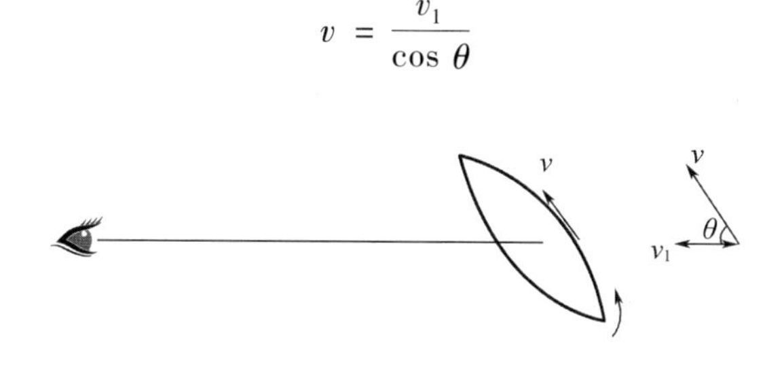

图 14.7　旋转速度的分量

14.6　$D_n - \sigma$ 关系

$D_n - \sigma$ 关系用于测量椭圆星系的光度,其结论为

$$L_{椭圆} \propto \sigma_r^4 \tag{14.14}$$

式中,σ_r 为椭圆星系中恒星的速度弥散。近些年来把光度和星系的表面亮度结合到一个参数 D_n 中,这样得到的关系称为 $D_n - \sigma$ 关系。

其实天体测距的方法还有很多,如威尔逊 - 巴普法、行星状星云法等,有兴趣者可自行了解(从未在试题里出现过,也不属于常识范畴)。

14.7　习　　题

1. 使用同一台设备间隔半年时间观测同一颗恒星,发现它的位置相对于边上的一个星系移动了 0.5″。而再过半年,发现它的位置又回到了一年前的地方。那么这颗恒星离观测点大致是(　　)AU。

A. 5 万　　B. 21 万　　C. 41 万　　D. 83 万　　E. 不知道多少

2. (2013 年全国决赛高年组第 18 题)超新星遗迹。天文学家于 2012 年观测到某超新星遗迹,呈圆形,角直径约为 4′。通过接下来的连续观测,得出它

的角直径每年膨胀大约0.2″,且这个膨胀速度相对于星云中心星的视向速度为1 200 km/s。假定星云的膨胀是对称且匀速的,求:(1)此星云到观测点的距离是几光年?(2)(3)从略。

3.(2007年第3届APAO低年组第4题)视差。银河系区域,恒星间的平均距离约为5光年。假设有一颗卫星能在±0.01″的精度内测量恒星的视差。问用这颗卫星能测量出多少颗恒星的视差?

第 15 章　热　　学

热学研究的是原子集合的性质。因为研究对象包含无数多的原子，且不需要知道每个原子实际上在哪里运动，而是需要知道平均有多少原子在这里运动、有多少原子在那里运动、产生各种效应的可能性是多少。

所以学习热学需要用到概率论的知识。因为数学基础薄弱，本节只讲热学中基础的基础。

本章主要内容为几个公式的推导，希望读者能从推导过程中学到一些东西。推导的思路是将微观量（气体数目、速率等）之间的关系转化为宏观量（气体压强、温度等）之间的关系。

15.1　气体的压强

本节将从原子的观点出发来探究物质的各种性质。

如果人类的耳朵灵敏十几倍到几十倍，就可以听到持续的冲击噪声。原因是鼓膜与空气相接触，而空气里有大量持续运动的原子，这些原子撞击在耳膜上。在撞击耳膜时，它们造成了无数的咚、咚、咚的声音，这种声音人类听不见，因为原子非常小，以至于耳朵的灵敏度不足以感受到。

原子不停撞击的结果是将耳膜推开，当然，在耳膜的另一边也有同样的原子在不停地撞击，因而作用在耳膜上的净力为零。如果从一边抽去空气，或者改变两边空气的相对数量，那么耳膜就将被推向这一边或那一边，因为在一边的撞击量将大于另一边。

乘电梯或飞机时，由于上升得太快，特别是在患有重感冒时，有时就会有这种不舒服的感觉（感冒时，发炎使通过咽喉联系耳膜内部空气与外部空气之间的导管关闭了,这样,内外压强就不能很快地保持平衡)①。

气体的压强是由气体分子对容器壁频繁撞击产生的。气体分子对容器壁的撞击强度与分子热运动的强度有关。

定义压强为加在容器壁上的力 F 除以容器壁的面积 S,即

$$p = \frac{F}{S}$$

现在从原子的观点出发,推导气体压强的决定式,想象一个具有无摩擦活塞的容器(图 15.1),容器内有一定的气体分子。

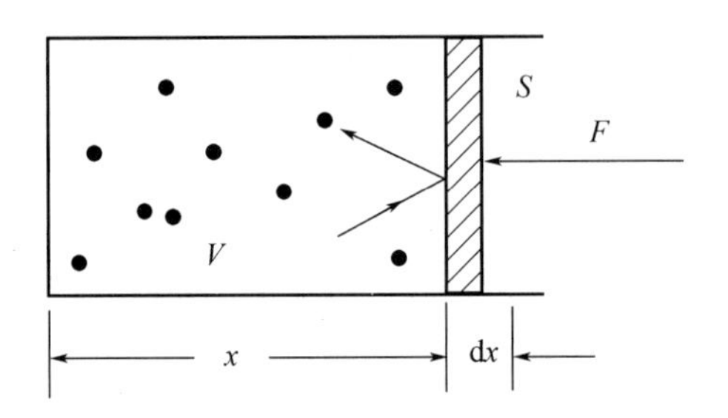

图 15.1　具有无摩擦活塞的容器

活塞左侧的气体会不断地撞击活塞,给活塞提供一个向右的力。在活塞右侧给活塞提供一个向左的力,使活塞静止。此时气体对活塞的压力等于外界提供的压力。

记左侧活塞内的体积为 V,其中含有气体总个数 N,并定义气体数密度 $n = N/V$(定义类似于密度),活塞面积为 S。

对每个撞击活塞的气体分子,因为活塞静止,由能量守恒有气体分子撞击后速度的 x 轴分量方向相反、大小不变。所以对每个气体分子动量定理有

$$F\Delta t = mv_x - (-mv_x) = 2mv_x \tag{15.1}$$

对所有撞击活塞的气体分子,则有

$$N_1 F\Delta t = Ft \tag{15.2}$$

式中,N_1 为 t 时间内能撞击到活塞的气体分子数;F 为上述提到的右侧的力。有

① 出自《费恩曼物理学讲义》

$$Ft = N_1 2mv_x \tag{15.3}$$

将 N_1 用分子数密度表示,有

$$N_1 = nV_1 \tag{15.4}$$

所以

$$Ft = nV_1 2mv_x \tag{15.5}$$

式中,V_1 表示 t 时间内能撞击到活塞的气体所占的体积。而 t 时间内能撞击到活塞的分子满足的条件是,其与活塞的距离小于其在 t 时间内 x 轴方向的运动距离,则有

$$V_1 = v_x tS \tag{15.6}$$

代入式(15.5)有

$$Ft = n(v_x tS)2mv_x \tag{15.7}$$

则

$$F = 2nmv_x^2 S \tag{15.8}$$

所以

$$p = \frac{F}{S} = 2nmv_x^2 \tag{15.9}$$

每个分子的 v_x 都有所差别,其对压强的贡献不同,对 v_x^2 取平均可得到压强的表达式为

$$p = nm < v_x^2 > \tag{15.10}$$

注意此处原来式子中的系数 2 消掉了。因为所有的气体分子中,只有一半是朝着活塞运动的,另一半朝着相反的方向运动。对正的 v_x,v_x^2 的平均值等于对所有 v_x 所求平均值的一半。这个式子反映了气体压强的三个决定因素:气体的分子数密度;气体分子的质量;气体分子在 x 轴上的速度分量。其中气体分子在 x 轴上的速度分量与气体在 y 轴、z 轴上的速度分量是一样的,有

$$< v_x^2 > = < v_y^2 > = < v_z^2 > \tag{15.11}$$

因为

$$< v^2 > = < v_x^2 > + < v_y^2 > + < v_z^2 >$$

所以

$$< v^2 > = 3 < v_x^2 >$$

所以气体压强与气体分子热运动平均动能的关系为

$$
\begin{aligned}
p &= \frac{1}{3}nm < v^2 > \\
&= \frac{2}{3}n \times \frac{1}{2}m < v^2 > \\
&= \frac{2}{3}E_k
\end{aligned}
$$

15.2 绝热变化中的压强与体积

对上节最后的式子,两边同时乘体积 V,得到

$$
\begin{aligned}
pV &= \frac{2}{3}nVE_k \\
&= \frac{2}{3}NE_k \\
&= \frac{2}{3}U
\end{aligned} \tag{15.12}
$$

式中,U 为内能。需要注意的是,上式中第三个等号只对于理想单原子气体成立,此时的气体满足内能等于分子热运动总动能。对其他气体体系,转化的系数不同。

把$\frac{2}{3}$用 $\gamma - 1$ 表示为

$$pV = (\gamma - 1)U \tag{15.13}$$

在绝热过程中,压缩时外界对活塞做的功全部转化为气体的内能。对无穷小量位移 $\mathrm{d}x$ 的过程,有

$$\mathrm{d}W = p \cdot \mathrm{d}V = -\mathrm{d}U \tag{15.14}$$

注意此处的正负号,压缩气体时外界对气体做功,气体内能增大,而体积减小。将

$$U = \frac{pV}{\gamma - 1} \tag{15.15}$$

代入式(15.14),有

$$p \cdot \mathrm{d}V = -\mathrm{d}\left(\frac{pV}{\gamma - 1}\right) \tag{15.16}$$

将其化简，有

$$p\cdot \mathrm{d}V=-\frac{1}{\gamma-1}\mathrm{d}(pV)$$

$$p\cdot \mathrm{d}V=\frac{1}{1-\gamma}(p\cdot \mathrm{d}V+\mathrm{d}p\cdot V)$$

$$p\cdot \mathrm{d}V=-\mathrm{d}\left(\frac{pV}{\gamma-1}\right) \tag{15.17}$$

$$\frac{\mathrm{d}p}{p}=-\gamma\cdot\frac{\mathrm{d}V}{V}$$

对式(15.17)两边分别进行积分，有

$$\int_{p_0}^{p}\frac{\mathrm{d}p}{p}=\int_{v_0}^{V}-\gamma\cdot\frac{\mathrm{d}V}{V} \tag{15.18}$$

式中，p_0 为压缩前气体的压强；V_0 为压缩前气体体积。对于这个积分方程，其导函数为 $f(x)=\frac{1}{x}$，则其原函数为 $F(x)=\ln x$，积分结果为

$$\begin{cases}\ln p-\ln p_0=-\gamma(\ln V-\ln V_0)\\ \ln p+\gamma\ln V=\ln p_0+\gamma\ln V_0\end{cases} \tag{15.19}$$

式中，p_0、V_0、γ 均为常数，所以等式右边为一常数值，有

$$\ln p+\gamma\ln V=C_1$$

$$\ln p\cdot V^{\gamma}=C_1$$

所以

$$p\cdot V^{\gamma}=C \tag{15.20}$$

式(15.20)对于其他气体系统的绝热变化过程也成立，只是其中 γ 的值会有所变化。对于同一种确定的气体体系，γ 为一常数。对单原子分子，$\gamma=\frac{5}{3}$；对光子气体，$\gamma=\frac{4}{3}$。

15.3 温度与分子热运动动能

初中物理中温度是表示物体冷热程度的物理量，微观上来讲是表示物体分子热运动的剧烈程度。处于热平衡的两个系统温度相等，考虑两个热平衡

的体系(图 15.2)来求解温度与分子热运动的具体关系。

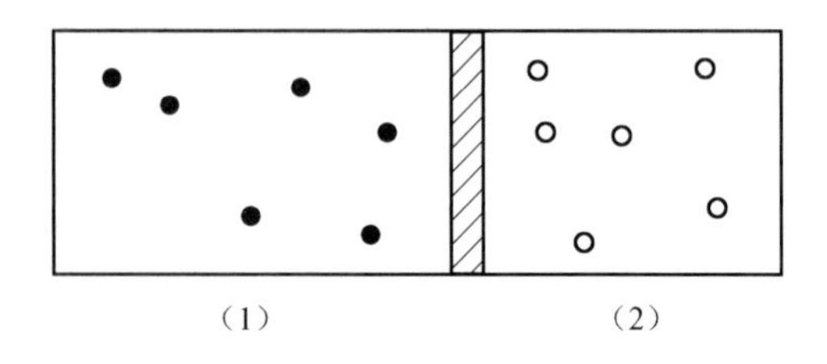

图 15.2　两个热平衡的体系

如图 15.2 所示,对这样一个绝热容器(活塞导热),左边充入分子质量为 m_1 的气体,右边充入分子质量为 m_2 的气体。一段时间后活塞两侧达到热平衡,活塞静止。记左边气体的平均速率为 v_1,分子数密度为 n_1;右边气体的平均速率为 v_2,分子数密度为 n_2。

因为活塞静止,活塞两边压强相等,有

$$p_1 = p_2$$

因为

$$p = \frac{1}{3}nm < v^2 >$$

所以

$$n_1m_1 < v_1^2 > = n_2m_2 < v_2^2 >$$

可以证明,达到热平衡的两种气体的分子数密度相等,即 $n_1 = n_2$。严格的数学证明需要用到质心系,这里不深入了解,所以有

$$\frac{1}{2}m_1 < v_1^2 > = \frac{1}{2}m_2 < v_2^2 >$$

$$E_1 = E_2$$

即处于热平衡状态下的两个气体体系具有相等的平均动能,又因为处于热平衡状态下的体系具有相等的温度,可以说,温度就是分子平均热运动的动能。

不过,因为科学家先前已经对温度的单位进行了定义,在讲温度与动能的联系时要加上一个系数,有

$$E_k = \frac{1}{2}m < v^2 > = \frac{3}{2}kT$$

式中，k 为玻尔兹曼常数。有时将其表示为

$$\frac{1}{2}m < v_x^2 > = \frac{1}{2}kT$$

用来求某一特定方向上分子热运动的平均速率。

15.4 理想气体状态方程

将上节的公式

$$pV = \frac{3}{2}NE_k$$

与

$$E_k = \frac{2}{3}kT$$

进行联立，可以得到

$$pV = NkT \tag{15.21}$$

式(15.21)称为理想气体状态方程，其中 p 表示气体压强；V 表示气体体积；N 表示气体总分子数；T 表示气体温度。

化学中，用物质的量来表示气体分子数，有

$$n(\mathrm{mol}) = \frac{N}{N_A} \tag{15.22}$$

式中，N_A 为阿伏伽德罗常数。代入理想气体状态方程有

$$pV = nN_AkT = nRT \tag{15.23}$$

式中，R 为常数，$R = N_Ak$。理想气体状态方程对于绝热或非绝热过程都成立。

读者可以对比其与上述讲到的绝热过程中的公式 $p \cdot V^\gamma$ 的异同。

15.5 平均自由程

现在考虑一个新的情境，在一团气体中，气体分子不断发生碰撞，那么一个分子发生两次碰撞的时间间隔是多少？分子又运动了多远？

设两次碰撞之间的平均距离为平均自由程 l，粒子在位移 $\mathrm{d}x$ 的过程中发

生一次碰撞的概率(几何概型,读者自己体会吧)为

$$P = \frac{\mathrm{d}x}{l}$$

这里要用到无穷小量 dx 的原因是,若取的位移过大,粒子在过程中可能发生了多次碰撞,则其运动方向会发生改变。取无穷小量可以保证粒子在这个过程中至多发生一次碰撞。

考虑一个运动粒子 A 在气体中运动 dx 的情况。气体的分子数密度为 $n_0\left(n_0 = \frac{N}{V}\right)$,观察与粒子 A 运动方向垂直的面积为 S 的部分。

图 15.3 所示为运动粒子在厚度为 dx 的面上的有效碰撞面积示意图。

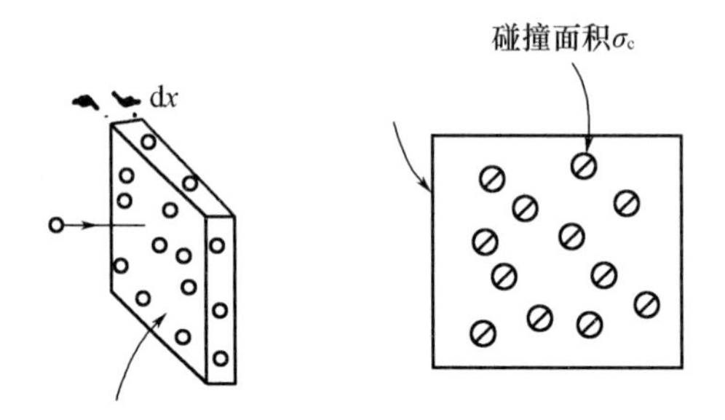

图 15.3　有效碰撞面积

这部分的分子总数为

$$N_0 = n_0 S\mathrm{d}x$$

每个分子提供一个有效碰撞截面 σ_c,σ_c 与粒子 A 及遮挡分子的大小有关,即

$$\sigma_c = \pi(r_1^2 + r_2^2) \tag{15.24}$$

式中,r_1、r_2 分别为粒子 A 与遮挡分子的半径。这部分面积上的总有效碰撞界面为

$$S_c = \sigma_c \cdot N_0 = \sigma_c n_0 S\mathrm{d}x \tag{15.25}$$

则粒子 A 经过这块区域被挡住的概率(即发生一次碰撞的概率)为

$$P = \frac{S_c}{S} = \sigma_c n_0 \mathrm{d}x \tag{15.26}$$

联立 $P = \frac{\mathrm{d}x}{l}$,有

$$\frac{\mathrm{d}x}{l} = \sigma_{\mathrm{c}} n_0 \mathrm{d}x \tag{15.27}$$

所以

$$1 = \sigma_{\mathrm{c}} n_0 l \tag{15.28}$$

式(15.28)是计算平均自由程的最直接的式子,它可以理解为当粒子A经过距离l时,在这段距离内分子正好能够覆盖住整个面积,此时平均来说会发生一次碰撞。

顺便补充一下平均自由程模型在消光中的应用。大气或星际空间中的原子可视为图15.3的情况,光线没经过dx距离,被挡住的概率为

$$P = \sigma_{\mathrm{c}} n_0 \mathrm{d}x \tag{15.29}$$

即一束光穿过dx厚度后会有占比为P的光被挡住,记穿过总厚度为x的气体前的光照强度为I_0,穿过后的光照强度为I,减少的光照强度为dI,则有

$$\frac{\mathrm{d}I}{I} = P = \sigma_{\mathrm{c}} n_0 \mathrm{d}x \tag{15.30}$$

对式(15.30)两边进行积分,有

$$\int_{I_0}^{I} \frac{\mathrm{d}I}{I} = \int_{x}^{0} \sigma_{\mathrm{c}} n_0 \mathrm{d}x$$

$$\ln I - \ln I_0 = -\sigma_{\mathrm{c}} n_0 x$$

$$\ln \frac{I}{I_0} = -\sigma_{\mathrm{c}} n_0 x$$

$$\frac{I}{I_0} = \mathrm{e}^{-\sigma_{\mathrm{c}} n_0 x} = \mathrm{e}^{-\tau} \tag{15.31}$$

所以

$$\tau = \sigma_{\mathrm{c}} n_0 x \tag{15.32}$$

式中,τ为光深。

15.6 习　　题

1. 假定一个尺度无限大,时间无限久远的宇宙。这个宇宙中恒星的平均数密度 $n = 10^9\ \mathrm{Mpc}^{-3}$,恒星的平均半径等于太阳半径 R。假定标准欧几里得几何在这个宇宙中仍然适用。从所在的位置看向任意方向,视线终将看到一颗恒星(虽然它不一定足够亮),计算所处位置到挡住视线的第一颗恒星的平均距离,以 Mpc 为单位。

2. 行星或卫星大气层中气体粒子的速度具有很大的变化区间。如果一种气体粒子的热速度均方根超过了其逃逸速度的 1/6,那么绝大部分这种气体就会从行星中逃逸出去。若想使一种理想的单原子气体留在土卫六(又称泰坦星)的大气层中,使它不会逃逸,那么这种气体的最小原子质量数 $A_{\min}$ 是多少?

已知泰坦星的质量 $M_T = 1.23 \times 10^{23}$ kg,半径 $R_T = 2\ 575$ km,表面温度 $T_T = 93.7$ K。

3. 假设火星的大气成分为 CO_2,并且视其为理想气体。

(1)假设行星为理想黑体,若地球大气的平均温度为 280 K,计算火星大气平均温度。

(2)对于火星大气,将其位于一定高度处的密度 ρ 表示成温度 T 和压强 p 的函数。

(3)如果行星大气中每升高 H,大气密度会减小为原来的 $\frac{1}{e}$,则称 H 为该行星的大气标高。大气标高可根据 $H = \frac{kT}{mg}$ 估算,其中 m 为大气平均分子质量,g 为行星表面重力加速度。计算火星的大气标高,假设火星大气温度均匀。

4. 假设有一团密度均匀且为 ρ,半径为 R 的球状静态氢原子气体星云,氢原子质量为 m,星云温度为 T。

(1)若在星云表面处有一物体在只受星云引力作用下进行自由落体运动,则从其开始坠落到抵达星云中心需要多长时间(自由落体时标 t_f)?

(2)星云气体的膨胀和坍缩可视为绝热过程,而理想气体在绝热条件下的状态方程为 $pV^\gamma = C$,其中 γ 为绝热膨胀系数。请证明星云气体的声速 $c_s =$

$\sqrt{(\gamma kT)/m}$,其中 k 为玻尔兹曼常数。

(提示:考虑一个装满压强为 p 的理想气体的无限长绝热玻璃管,其中一端用一活塞在 $p+\Delta p$ 的压强下以固定速度 v_0 推动 t 时间。气体中的压缩波以声速 c_s 传递至 $c_s t$ 处,压缩波经过处的气体被加速到了 v_0。)

(3)当自由落体时标小于声速从星云表面传播至星云中心所需要的时间时,星云将不可避免地在引力作用下坍缩,此时,星云的直径需要至少为多大?在这里取氢原子的绝热膨胀系数 $\gamma_H=\frac{4}{3}$。这一尺度在天体物理中被称为金斯长度。

第 16 章　消光与红移

16.1　消　　光

消光指被观测的天体发出的电磁辐射被路途中的物质(气体和尘埃)吸收和散射的过程。对地面的观测者而言,消光主要来自星际物质和地球大气层,分别对应为大气消光与星际消光。

16.1.1　大气消光

大气消光就是地球大气使来自天体的光减弱,其中起吸收作用的主要为原子和分子,它们使某些光子消失,减少亮度,图 16.1 所示为光线被吸收示意图。起散射作用的主要为分子和尘埃,它们主要影响波长的分布以及光的传播方向,图 16.2 所示为光线被散射示意图。

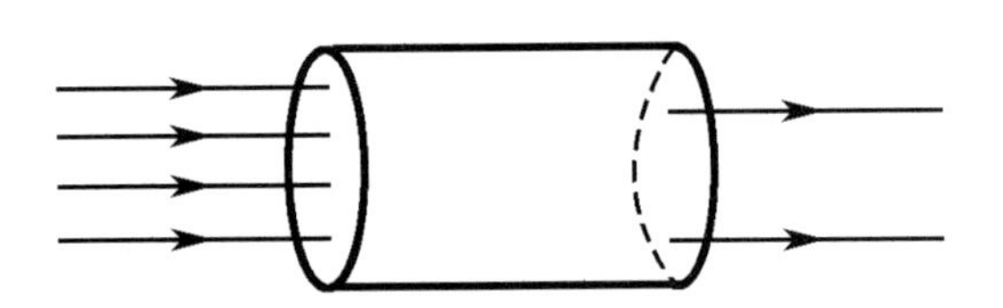

图 16.1　光线被吸收示意图

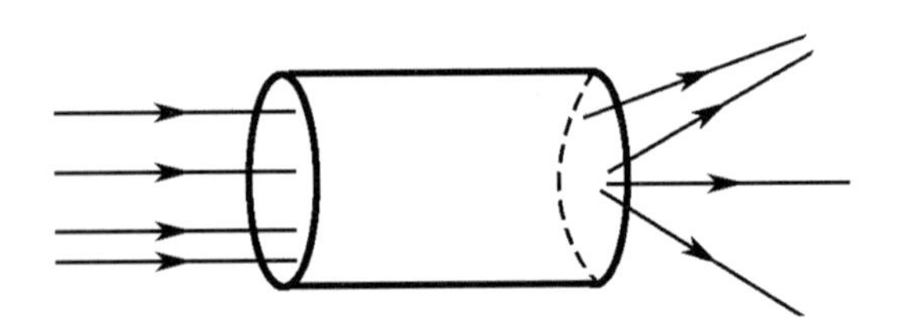

图 16.2　光线被散射示意图

1. 大气层中的散射

大气层中的散射主要分为米氏散射和瑞利散射。

米氏散射是大气中粒子的直径与辐射的波长相当时发生的散射。米氏散射的散射强度与光的波长几乎没有关系，即各个波段的光被散射的强度是一致的，如图 16.3 所示。米氏散射的一个典型例子就是天空中的白云。云的粒子直径与可见光波长相当，发生米氏散射，各波长的光都大致均等地被散射，所以晴空的云是白色的。

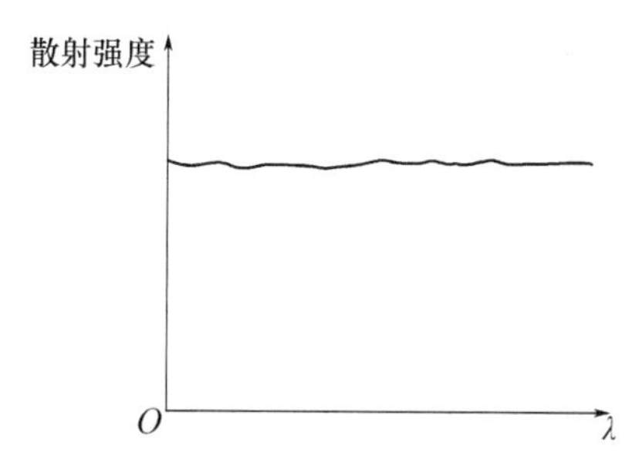

图 16.3　米氏散射强度随波长的变化

瑞利散射是大气中粒子的直径远小于入射光波长时发生的散射。瑞利散射基本不改变光的能量，只改变光的方向。散射强度大致与入射光的频率的四次方成正比。晴朗天空中除了云其他部分都是蓝天，这部分的粒子直径比云的粒子直径小，发生瑞利散射。因为频率越高，瑞利散射强度越大，蓝光散射强度较大，所以天空呈现蓝色。

图 16.4 所示为瑞利散射强度随波长的变化。

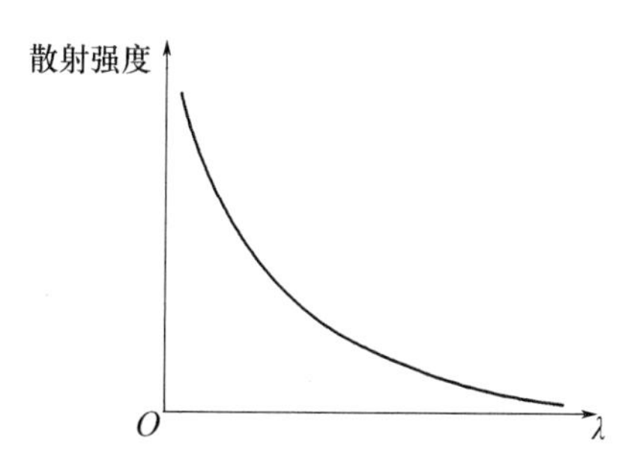

图 16.4　瑞利散射强度随波长的变化

为什么天空呈现散射强度较大的蓝色，蓝光被散射得更多不是意味着蓝光更弱吗？提示：想想月球上的天空是什么样。

2. 消光函数与大气窗口

对于太阳光，大气主要表现为散射，也就是使光线的方向改变。对于恒星的光，大气主要表现为吸收，也就是使光变弱。

随着夜晚时间的不同，恒星在不同的天顶距被观测到。因此，星光在不同时间穿过大气的厚度不同，产生的消光效果也就不同。大气消光的相关参数满足以下拟合关系：

$$m(z) = m_0 + k \cdot F(z)$$

式中，$m(z)$为天体在天顶距处的大气内星等；k为消光因子，可通过拟合得出；$F(z)$为大气质量，表示天顶距为z处的方向上大气的光学厚度和天顶方向上大气光学厚度的比值。

从这个拟合函数中可以发现消光的亮度是与气体厚度呈指数关系的，这一点在"热学"中讲到。

当z较小时，可以将大气视为平行的，该操作称为平行板近似，如图16.5所示。

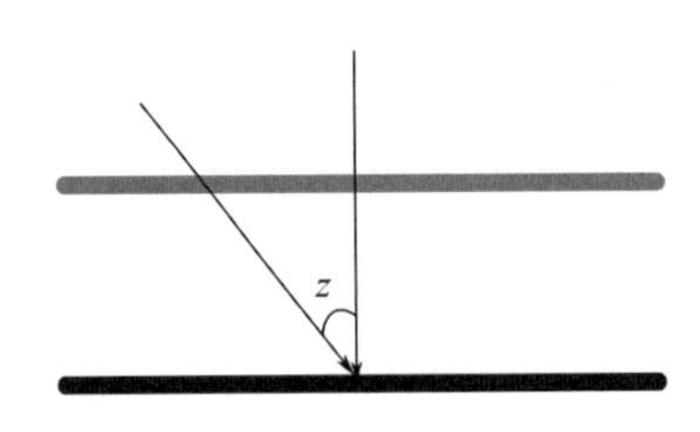

图16.5　平行板近似

此时有

$$F(z) = \cos z$$

大气消光对不同波段光的效果是不同的，由此有大气窗口，如图16.6所示。

大气层对光学波段、红外波段和射电波段几乎是透明的，地面上的望远镜

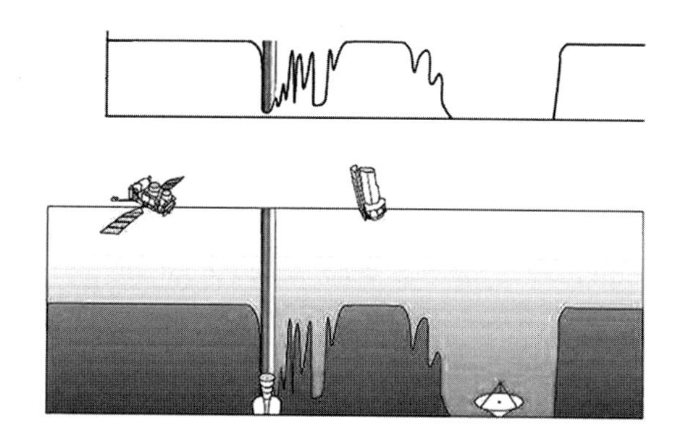

图 16.6　大气窗口

只能局限于这几个波段。紫外波段、X 射线波段、γ 射线波段以及远红外波段上的光几乎完全被大气吸收,要观测这几个波段只能借助太空望远镜。

16.1.2　星际消光与红化

以前,许多人认为宇宙中的间隙是真空的。1930 年,Robert Trumpler 在研究星团时发现了问题,他通过星团的规模求出最亮星的绝对星等,再利用距离模数公式解出星团的距离。然而他发现这样算出来距离远的星团的规模总是比距离近的星团的规模大。因此他认为,宇宙中存在着星系介质,会对星光产生影响。

恒星之间物质的集合称为星际介质,主要由气体和尘埃组成。宇宙中那些没有天体的地方并不是完全真空的,平均每立方厘米有 1 个原子,每立方千米有 100 个尘埃分子。

尘埃颗粒可以吸收波长小于或接近于尘埃分子半径的光。因此,尘埃倾向于吸收短波长的光。实际上,星际尘埃粒子的直径约为 10^{-7}m,与可见光的波长相当。因此,尘埃对长波段(射电和红外辐射)是透明的,而对光学和紫外波段辐射是不透明的。也因为这样,频率更高的蓝光就更容易被削弱,所以恒星看起来会倾向于比真实情况更红。这种效应被称为红化。

16.1.3　消光效应

可通过研究星光通过一个星云后减弱了多少星等来定量地描述星际消

光。如某个具体的恒星未经消光时的星等是 m,光线在传播的过程中减弱了 A^m,那么观测到的恒星的星等是 $m' = m + A^m$。

建立消光值(用星等表示)与光深 τ 的关系。设入射光强 I_0 的光通过光深为 τ 的星云后,出射光强为 I,它们的关系为

$$I = I_0 e^{-\tau}$$

由消光的定义与星等的标度有

$$A = m' - m = -2.5\lg \frac{I}{I_0}$$

$$A = 2.5\lg e^{\tau} = 2.5\tau\lg e \approx 1.086\tau$$

说明一星等的消光接近于一光深。

在存在星际消光的情况下,需要对距离模数公式进行修正,变为

$$m = M + 5\lg r - 5 + A$$

式中,A 表示消光星等值,为正值,说明消光后亮度降低了。

修正后的距离模数公式一般会结合色指数使用,在“星等与消光”一节中讲到。

16.2 大气折射

光的折射发生在两种不同介质的界面。当天体发出的光线由星际空间进入地球大气时,会发生折射。大气折射会使天体的天顶距变小,有

$$Z_{\text{真天顶距}} = Z_{\text{视天顶距}} + \Delta$$

对于地平附近的天体,$\Delta \approx 35'$。

当视天顶距较小($Z_{\text{视天顶距}} < 20°$)时,大气折射角近似满足:

$$\Delta('') \approx 60.2'' \times \tan Z_{\text{真天顶距}}$$

16.3 红移

红移是指电磁辐射的波长变长的过程,与之相对的是蓝移。因为红光波长大于蓝光,将波长增大称为红移,即使辐射的原始波长已经比红光大了。

红移的定义式为(适用于一切红移计算)

$$z = \frac{\Delta\lambda}{\lambda_0} = \frac{\lambda - \lambda_0}{\lambda_0}$$

式中,λ 为光线的观测波长;λ_0 为光线的实验室波长(原始波长)。

红移可以分为三类,它们产生的原因有本质区别,具体介绍如下(注意:不能说宇宙学红移是因天体的退行速度导致的多普勒红移)。

16.3.1　多普勒红移

物体和观测者之间的相对运动会导致物体发出的波的频率发生变化。多普勒频移最开始用于研究声音的传播,若物体靠近观测者,观测者接收到的声音频率会比原始频率大,即音调高。后来发现电磁辐射也存在多普勒频移。当物体靠近观测者时,观测者接收到的光线的频率会比原始频率大,称为蓝移;反之则为红移。

当天体的速度远小于光速时,或者说红移 $z \leqslant 1$ 时,天体的速度 v 与红移 z 之间满足

$$v = cz$$

式中,c 为真空光速。

若红移量接近 1 或大于 1,则需要考虑相对论效应,关系式变为

$$1 + z = \sqrt{\frac{c + v}{c - v}}$$

离地球较近的天体的红移主要因多普勒频移而导致,有时甚至表现为蓝移。

16.3.2　引力红移

根据广义相对论,光从引力场中发射出来时也会发生红移现象。对于引力红移,可以简单地理解为光线也会受到引力场的作用。当光线脱离引力场时,需要有能量转化为引力势能,所以光子的能量会减少。而光子的能量减少则意味着光的频率减小,表现为红移。

如果一个光子从与质量为 M 的天体的引力中心距离为 r_1 处运行到距离为 r_2 处,光子的波长会由 λ_1 变为 λ_2,其关系满足

$$\frac{\lambda_2}{\lambda_1}=\sqrt{\frac{1-\frac{2GM}{r_2c^2}}{1-\frac{2GM}{r_1c^2}}}=z+1$$

如果测量者在无穷远处,有 $r_2=\infty$,上述式子可约简为

$$z=\frac{1}{\sqrt{\frac{2GM}{r_1c^2}}}$$

若红移 $z\leqslant1$(即天体质量很小),第二个式子可以近似为

$$z=\frac{GM}{r_1c^2}$$

16.3.3 宇宙学红移

宇宙学红移(图 16.7)是由空间的膨胀直接产生的。

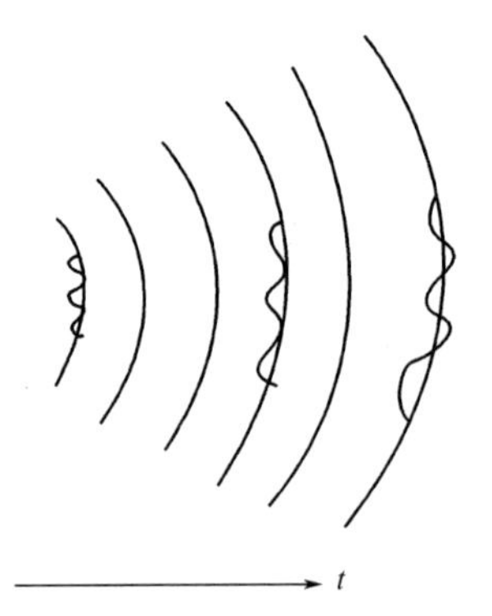

图 16.7 宇宙学红移

如图 16.7 所示,随着宇宙的膨胀,光子所处的位置距离拉长,光子的波长增大,从而产生红移。有

$$1+z=\frac{\lambda_1}{\lambda_2}=\frac{R_{t1}}{R_{t2}}$$

式中,λ_1 表示天体在 t_1 时刻的波长;R_{t1} 表示宇宙在 t_1 时刻的尺度因子(尺度因子可以暂且理解为尺度大小)。

宇宙学红移(z)与天体的距离(d)关系满足

$$cz=H_0d$$

式中，H_0 为哈勃参数，下标 0 表示其为当前时间的值。

上述式子对任意宇宙学红移适用，但是单观测一个天体时，无法判别其红移中宇宙学红移占比多大，多普勒红移占比多大。只有当天体距离较远时，宇宙学红移远大于多普勒红移，才可以将天体观测到的红移直接等价于天体的宇宙学红移。

另外，由红移的定义有三种红移 z_1、z_2、z_3 和总观测红移 z 的关系为

$$1 + z = (1 + z_1) \cdot (1 + z_2) \cdot (1 + z_3)$$

16.4　习　　题

1.（2012 年第 17 届 IAO 低、高年组第 3 题）老人星。韩国有个古老传说：如果你能三次看到老人星，你就是一个幸运的人，能活很长的时间。以前，老人星能被很明显地看到，即使在如今，有时在韩国也能观测到老人星。假如在最理想的观测条件下从韩国济州岛的南海岸观测，请估算老人星的视星等。该岛的经纬度范围是：33°11′N ~ 33°34′N，126°09′E ~ 126°57′E。请利用所知道的相关知识解答。

2.（2007 年第 3 届 APAO 低、高年组第 4 题）接近恒星。当天文学家从海平面爬上高度为 1 km 的山峰时，它与恒星间的距离变小了，并且会得到更好的成像质量，看到更暗的星。假设一颗刚好位于天顶的恒星，其视星等为 2 等，距离地球 10 pc，请计算由于天文学家爬上 1 km 的高峰而引起的这颗恒星的视星等变化值。假定天文学家在海平面和高山上使用的都是极其精确的光度测量仪器。

第 17 章　角　动　量

动量、能量和角动量是三个重要的力学量。高中已经学到了动量和机械能,本节不多做介绍。动量、能量的变化规律和守恒关系可以反映运动的许多特点,但还不足以解决全部有关运动的问题。例如,地球绕日运动遵从开普勒第二定律,在近日点附近绕行速度较快,在远日点附近较慢,这个特点单纯使用动量和机械能来说明非常复杂,但是用角动量的概念及其规律却很容易说明。特别在有些问题中,动量和机械能不守恒,角动量却是守恒的,这时角动量就成为解决问题的重要突破口。本节课将介绍角动量的概念、守恒关系及其应用,最后还会介绍动量和能量守恒的一些应用。

17.1　角动量概述

17.1.1　角动量的概念

开普勒第二定律描述道:"若以太阳中心为参考点,其位置矢量在相等时间内扫过相等的面积。"这里用 $\boldsymbol{r}$ 和 $\boldsymbol{v}$ 分别表示行星的位置矢量和速度,用 $\boldsymbol{v}\mathrm{d}t$ 来表示恒星单位时间内的位移。利用矢量矢积的概念,$\mathrm{d}t$ 时间内位置矢量扫过的面积的大小可以用 $|\boldsymbol{r}\times\boldsymbol{v}\mathrm{d}t/2|$ 表示;掠面速度为$\dfrac{\mathrm{d}S}{\mathrm{d}t}=\dfrac{|\boldsymbol{r}\times\boldsymbol{v}\mathrm{d}t/2|}{\mathrm{d}t}=|\boldsymbol{r}\times\boldsymbol{v}/2|$。以上行星运动规律又可写为

$$\boldsymbol{r}\times\boldsymbol{v}/2=\text{常矢量}$$

观察匀速直线运动,对于线外的一点,掠面速度不为零且守恒,如图 17.1 所示。

观察以上例子,可以看出,动能和动量不能对其做出统一的物理学解释。对于一个矢量,常可以研究它对某参考点的"距"。对于动量矢量,也可以研究

其“距”。

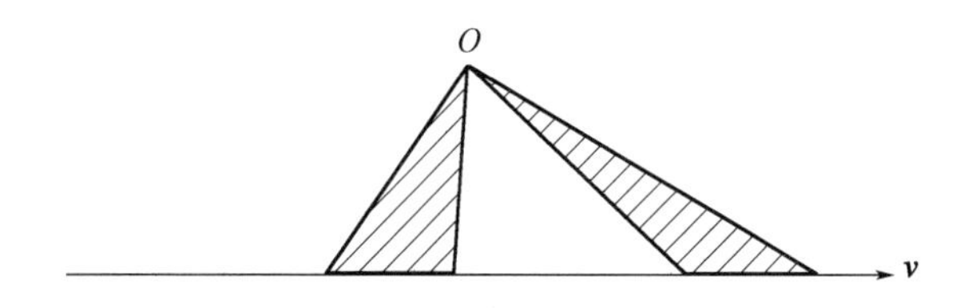

图 17.1　匀速直线运动的掠面速度

质点对于参考点的位置矢量与其动量的矢积

$$\boldsymbol{L} = \boldsymbol{r} \times m\boldsymbol{v} = \boldsymbol{r} \times \boldsymbol{p}$$

称为质点对该参考点的角动量(即动量距)。

17.1.2　力矩

为了更好地研究质点对某参考点的角动量如何变化及守恒关系,引入力矩的概念。如图 17.2 所示,受力质点相对于 O 点的位置矢量 $\boldsymbol{r}$ 与力 $\boldsymbol{F}$ 矢量的矢积 $\boldsymbol{M}$ 称为力 $\boldsymbol{F}$ 对参考点 O 的力矩,记作

$$\boldsymbol{M} = \boldsymbol{r} \times \boldsymbol{F}$$

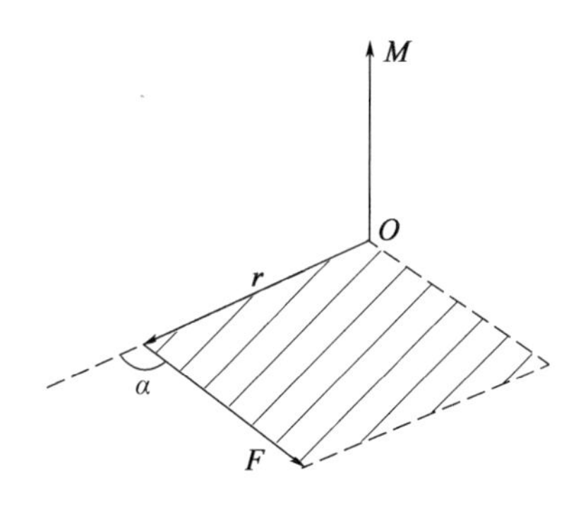

图 17.2　力矩

力对参考点力矩的方向与 $\boldsymbol{r}$ 和 $\boldsymbol{F}$ 所在的平面垂直,且 $\boldsymbol{r}$、$\boldsymbol{F}$ 和 $\boldsymbol{M}$ 构成右手螺旋系统。力矩的大小为 $|\boldsymbol{rF}\sin\alpha|$,$\alpha$ 为自 $\boldsymbol{r}$ 转向 $\boldsymbol{F}$ 的角度(矢量 $\boldsymbol{r}$ 与 $\boldsymbol{F}$ 的夹角)。

若有几个力同时作用于质点,则质点受 n 个力矩的矢量和为

$$\sum \boldsymbol{r} \times \boldsymbol{F}_i = \boldsymbol{r} \times \boldsymbol{F}_1 + \boldsymbol{r} \times \boldsymbol{F}_2 + \cdots + \boldsymbol{r} \times \boldsymbol{F}_n = \boldsymbol{r} \times \sum \boldsymbol{F}_i \qquad (17.1)$$

说明诸力矩的矢量和等于合力对参考点的力矩。

特别提醒:写公式时,不能把矢量叉乘前后的物理量写反。

17.1.3 角动量定理及守恒定律

对式(17.1)展开可得

$$\boldsymbol{r} \times \sum \boldsymbol{F}_i = \boldsymbol{r} \times \frac{\mathrm{d}(m\boldsymbol{v})}{\mathrm{d}t}$$

将质点的角动量对时间求导可得

$$\frac{\mathrm{d}(\boldsymbol{r} \times m\boldsymbol{v})}{\mathrm{d}t} = \frac{\mathrm{d}\boldsymbol{r}}{\mathrm{d}t} \times m\boldsymbol{v} + \boldsymbol{r} \times \frac{\mathrm{d}(m\boldsymbol{v})}{\mathrm{d}t}$$

式中,$\frac{\mathrm{d}\boldsymbol{r}}{\mathrm{d}t}$即质点速度 $\boldsymbol{v}$,因此等式右边第一项变为 $\boldsymbol{v} \times m\boldsymbol{v} = 0$,故

$$\boldsymbol{r} \times \frac{\mathrm{d}(m\boldsymbol{v})}{\mathrm{d}t} = \frac{\mathrm{d}}{\mathrm{d}t}(\boldsymbol{r} \times m\boldsymbol{v})$$

于是有

$$\boldsymbol{M} = \boldsymbol{r} \times \sum \boldsymbol{F}_i = \frac{\mathrm{d}}{\mathrm{d}t}(\boldsymbol{r} \times m\boldsymbol{v})$$

也可以写作

$$\boldsymbol{M} = \frac{\mathrm{d}}{\mathrm{d}t}\boldsymbol{L} \qquad (17.2)$$

这说明,质点对参考点 O 的角动量对时间的变化率等于作用于质点的合力对该点的力矩,这称为质点对参考点 O 的角动量定理。

因此,当 $\boldsymbol{M} = 0$ 时,则 $\boldsymbol{L} =$ 常矢量,即若作用于质点的合力对参考点的合力矩为零,则质点对该参考点的角动量不变,称为质点对参考点 O 的角动量守恒定律。

17.1.4 转动惯量

角动量可以表示为 $\boldsymbol{L} = \boldsymbol{r} \times m\boldsymbol{v}$,再利用 $\boldsymbol{v} = \boldsymbol{r\omega}$ 转化,可得到 $\boldsymbol{L} = \boldsymbol{r}^2 \times m\boldsymbol{\omega}$。因此可以将角动量表示为

$$\boldsymbol{L} = J \cdot \boldsymbol{\omega}$$

式中，$\boldsymbol{\omega}$ 为物体转动的角速度，为矢量；J 称为转动惯量，为标量。转动惯量表示为

$$J = \sum m_i \boldsymbol{r}_i^2$$

可以看出，转动惯量与物体的质量有关，也与物体的质量分布有关。要求一个物体的转动惯量，可以用积分的方法求出。下面介绍天文中两种常见形状的天体的转动惯量。

(1)圆盘的转动惯量。

圆盘的转动惯量如图 17.3 所示，图中给出了质量为 m，半径为 R，密度均匀的圆盘，求它对过圆心且与盘面垂直的转轴的转动惯量。

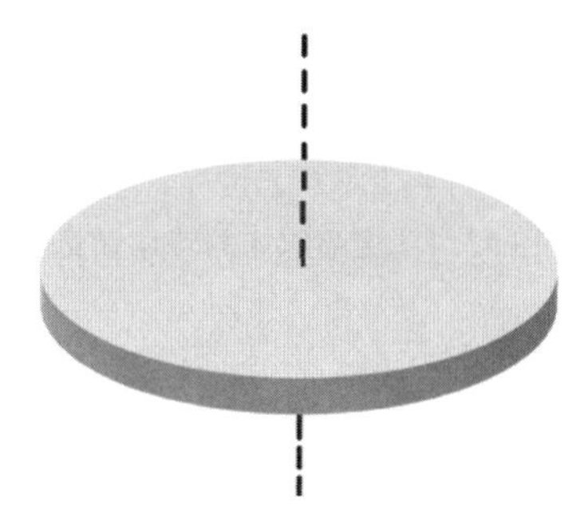

图 17.3 圆盘的转动惯量

把圆盘分为许多无限薄圆环，用 ρ 表示密度，用 h 表示厚度，则半径为 r，宽为 $\mathrm{d}r$ 的薄圆环的质量为

$$\mathrm{d}m = \rho 2\pi r h \mathrm{d}r$$

薄圆环对轴的转动惯量为

$$\mathrm{d}I = r^2 \mathrm{d}m = 2\pi\rho h r^3 \mathrm{d}r$$

积分得

$$I = \int_0^R 2\pi\rho h r^3 \mathrm{d}r$$

$$= 2\pi\rho h \int_0^R r^3 \mathrm{d}r = \frac{1}{2}\pi\rho h R^4$$

式中，$h\pi R^2$ 为圆盘体积；$\rho\pi h R^2$ 为圆盘质量 m。故圆盘的转动惯量为

$$I = \frac{1}{2} m R^2$$

(2)实心球体的转动惯量。

实心球体的转动惯量如图 17.4 所示,图中给出了质量为 m,半径为 R,密度均匀的实心球体,求它对过任意直径的转轴的转动惯量。

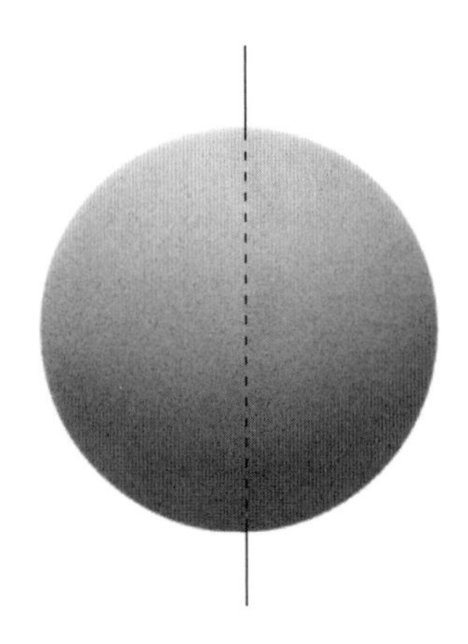

图 17.4 实心球体的转动惯量

将球体分割为无数个垂直于转轴的薄圆盘,用 ρ 表示密度,用 $\mathrm{d}z$ 表示薄圆盘的厚度,用 z 表示圆盘的圆心到球心的距离,有

$$z^2 + r^2 = R^2$$

薄圆盘的质量为

$$\mathrm{d}m = \rho\pi r^2\mathrm{d}z$$

薄圆盘的转动惯量为

$$\begin{aligned}\mathrm{d}I &= \frac{1}{2}r^2\mathrm{d}m \\ &= \frac{1}{2}r^2\rho\pi r^2\mathrm{d}z \\ &= \frac{1}{2}\rho\pi(R^2 - z^2)^2\mathrm{d}z\end{aligned}$$

积分得

$$\begin{aligned}I &= \frac{1}{2}\rho\pi\int_{-R}^{R}(R^2 - z^2)^2\mathrm{d}z \\ &= \frac{8}{15}\pi\rho R^5\end{aligned}$$

因为实心球体的质量为

$$m = \rho \frac{4}{3}\pi R^3$$

因此,实心球体的转动惯量为

$$I = \frac{2}{5}mR^2$$

除了均质圆盘和均质实心球体,大家可以尝试计算均质细杆、均质圆柱、薄球壳等其他物体的转动惯量。

17.1.5 进动

以上讨论的都是物体的角速度与角动量方向相同。然而在实际生活中,多数情况下角速度与角动量之间存在一定的夹角。下面,将研究角速度与角动量方向不相同的情况。

(1)陀螺的进动。

符合这种情况的典型例子是陀螺(图 17.5)。陀螺在旋转的过程中,受到外界扰动会倾斜,导致角速度和角动量方向出现夹角。

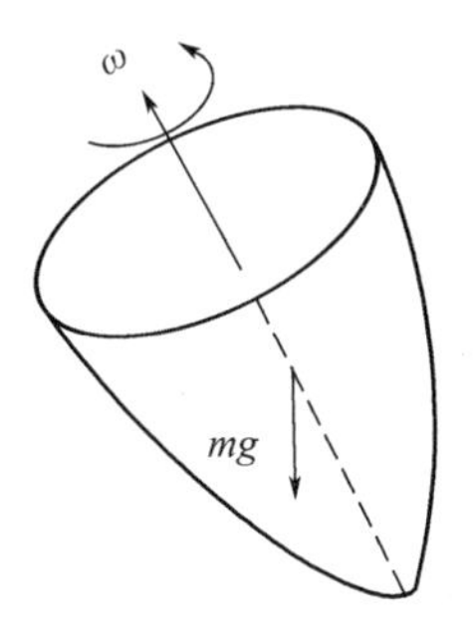

图 17.5 陀螺

此时陀螺受到重力作用 mg 和桌面的支持力 F_N,与角速度不在同一直线上。根据力矩的定义,可以知道在该时刻,力矩 $M = r \times mg$,方向垂直纸面指向读者。由角动量定理可知,角动量的变化率等于外力矩 $M = \frac{dL}{dt}$,又可写作 $Mdt = dL$,Mdt 称为元冲量矩。由于陀螺本身在自转轴方向上未受外力矩作用,因此自转角速度不变,可用 $I\omega$ 表示陀螺自转的角动量,由外力引起的角动

量的增量 $d(I\omega)$ 用 Mdt 表示,陀螺俯视图如图 17.6 所示。

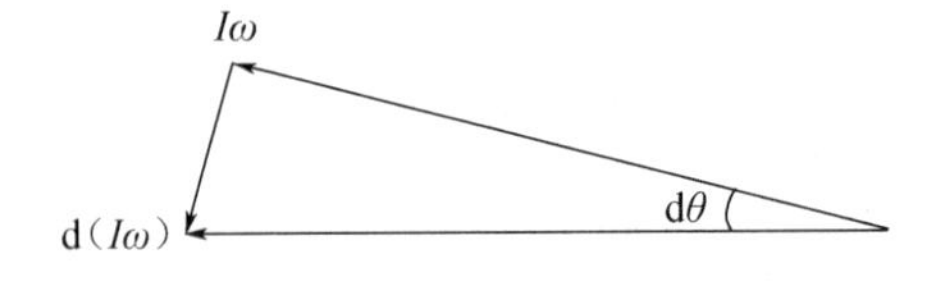

图 17.6　陀螺俯视图

由于陀螺高速旋转,自转的角动量远大于外力引起的角动量的增量,因此认为 $d\theta$ 很小,可以用小量近似为

$$I\omega d\theta = M dt$$

于是得出进动角速度为

$$\Omega = \frac{d\theta}{dt} = \frac{M}{I\omega}$$

陀螺会逆时针转动,大家可以自己思考顺时针自转的陀螺的进动角速度方向。结果应该为顺时针,即自转方向与进动方向相同。

(2)地球的进动。

下面讲地球的进动。由于地球的自转轴是倾斜的,因此离太阳远近不同处所受引力情况不同如图 17.7 所示。

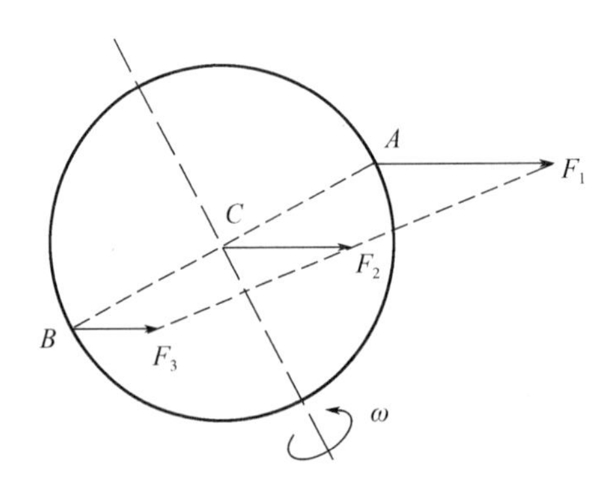

图 17.7　地球不同处受力情况

将 F_1、F_3 分出与 F_2 相等的部分(图 17.8),这三个力的作用效果相当于作用于 C 点的合力 $3F_2$,它保证了地球的公转。

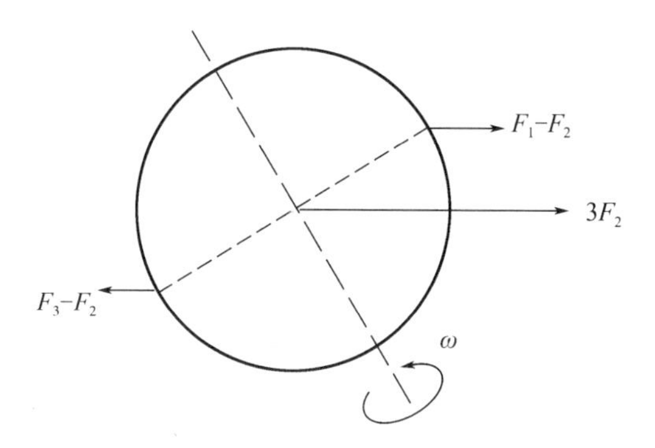

图 17.8　作用效果

此时,A 点的 $F_1 - F_2$ 与 C 点的 $F_3 - F_2$ 会形成力矩,且力矩垂直于角动量方向(即与自转轴垂直),这会导致地球自转轴进动,方向是自东向西转。

17.2　动量守恒与能量守恒的应用

17.2.1　引力弹弓

动量在天文的应用中最著名的就是引力弹弓,其示意图如图 17.9 所示。

若飞行器以速度 v 向速度为 u 的行星运动,且两者运动方向相反,则飞行器经行星抛射后的速度满足:

$$v_2 = v + 2u$$

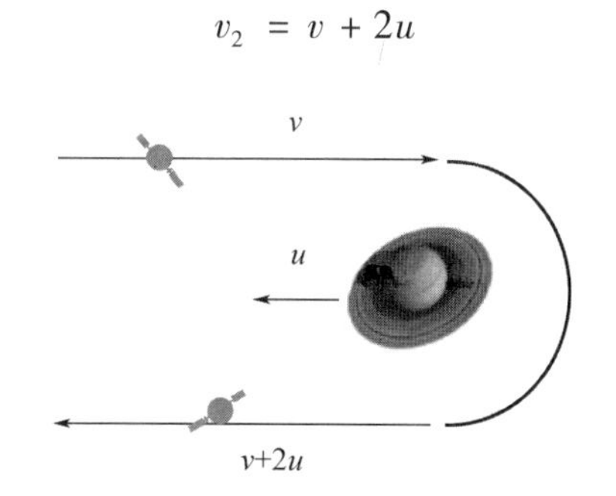

图 17.9　引力弹弓示意图

公式证明如下。

对飞行器与行星系统,有动量守恒为

$$Mu - mv = Mu_2 + mv_2$$

对动量守恒式移项有

$$M(u - u_2) = m(v + v_2)$$

由能量守恒有

$$\frac{1}{2}Mu^2 + \frac{1}{2}mv^2 = \frac{1}{2}Mu_2^2 + \frac{1}{2}mv_2^2$$

对能量守恒式移项有

$$M(u^2 - u_2^2) = m(v_2^2 - v^2)$$

$$M(u + u_2)(u - u_2) = m(v_2 + v)(v_2 - v)$$

将动量守恒式代入有

$$u + u_2 = v_2 - v$$

$$v_2 = u + u_2 + v$$

因为行星质量远大于飞行器,行星抛射飞行器后速度几乎不变,所以最后公式为

$$v_2 = v + 2u$$

17.2.2 位力定理

对于平衡状态下的自引力系统(天文学中的系统多为此类),有位力定理为

$$2 < K > + < U > = 0$$

式中,$<K>$表示系统的总动能;$<U>$表示系统的总势能。

对于均匀球体(如球状星团),其总势能$<U>$满足:

$$< U > = -\frac{3}{5}\frac{GM^2}{R}$$

式中,M为星团总质量;R为星团半径。这个公式的证明需要用到积分。

将均匀球体微分为多个球壳,记球壳的半径为r,厚度为$\mathrm{d}r$,则有球壳的质量为

$$m(r) = \rho \cdot V(r) = \rho \cdot 4\pi r^2 \cdot \mathrm{d}r$$

该球壳包裹的球的质量为

$$M(r) = \rho \cdot \frac{4}{3}\pi r^3$$

可以证明,球壳外的部分对球壳的引力合力为 0,则球壳的总引力势能即为球壳与球壳包裹的球之间的引力势能,有

$$E(r) = -\frac{GM(r)m(r)}{r}$$
$$= -\frac{G\rho \cdot \frac{4}{3}\pi r^3 \rho \cdot 4\pi r^2 \cdot \mathrm{d}r}{r}$$
$$= -G\frac{16}{3}\pi^2\rho^2 r^4 \mathrm{d}r$$

对球壳的引力势能从半径 $r=0$ 积分到半径 $r=R$,有

$$< U > = \int_0^R E(r)$$
$$= -G\frac{16}{3}\pi^2\rho^2\int_0^R r^4 \mathrm{d}r$$
$$= -G\frac{16}{3}\pi^2\rho^2 \cdot \frac{1}{5}R^5$$
$$= -\frac{3}{5}G \cdot \frac{16}{9}\pi^2\rho^2 R^6 \cdot \frac{1}{R}$$
$$= -\frac{3}{5}G \cdot \left(\frac{4}{3}\pi R^3\rho\right)^2 \cdot \frac{1}{R}$$
$$= -\frac{3}{5}\frac{GM^2}{R}$$

17.3 习 题

1.(2007 年 IAO 高年组第 2 题)太空帆。为了研究小行星带,发射了一架利用太阳能作为动力的探测器。探测器上有一个能展开的帆,可以收集太阳能作为探测器的动力。该探测器的总质量为 $m=1$ t。探测器在绕太阳的圆轨道上运行,轨道半径为 1 AU。这时打开太空帆接收太阳能,在探测器绕日运行半周后抵达谷神星。请估算这个太空帆的面积 S 和厚度 d。可以假定太空帆与镜面一样,小行星带到太阳的典型距离取 2.8 AU,太阳的辐射功率为 $A=$

$1.77\ \mathrm{kW/m^2}$。

2.(2007 年 IOAA 第 17 题)双星系统。一个双星系统由 M_1 和 M_2 组成，它们之间的距离为 D。M_1 和 M_2 均以角速度 ω 围绕着该双星系统的共同质量中心做圆轨道运动。质量在连续地从一颗星转移到另一颗星,这个质量的转移会导致它们的轨道周期和它们之间的距离缓慢地随时间发生变化。为了简化分析,假设这两颗星为两个质点,它们各自围绕自己自转轴的自转可以被忽略。

(1)该双星系统的总角动量和动能分别是多少?

(2)请找出角速度 ω 与双星距离 D 之间的关系。

(3)在时间间隔 Δt 里,两颗星间的质量转移使 M_1 的质量变化了 Δm,找出相对应的角速度的变化量 $\Delta\omega$ 与 ω、M_1、M_2 和 Δm 的关系式。

(4)在一个特定的双星系统里,$M_1=2.9M_\odot$,$M_2=1.4M_\odot$,轨道周期 $T=2.49$天。一百年后,轨道周期 T 增加了 20 s。请求出 $\Delta m/M_1\Delta t$ 的数值(以每年为时间单位)。

(5)求出 $\Delta D/D\Delta t$ 的数值(以每年为时间单位)。

可以用以下的近似:

当 $x\ll1$ 时,

$$(1+x)^n\approx1+nx$$

当 $x\ll1$、$y\ll1$ 时,

$$(1+x)(1+y)\approx1+x+y$$

3.(2009 IOAA 第 6 题)请推导出从原恒星云中心发射的物体的逃逸速度与原恒星云质量和半径的关系式。假设原恒星云的密度均匀,质量为 M,半径为 R。忽略原恒星云粒子与被发射物体间的碰撞。如果允许该物体从原恒星云的表面自由下落,它将以 $\sqrt{GM/R}$的速度到达原恒星云的中心。

4.(2013 年全国中学生奥林匹克竞赛选拔赛第 5 题)活力公式。用物理课上学过的知识证明开普勒第二定律:考虑行星的椭圆轨道,利用开普勒第二定律等相关知识得到天体力学中经常用到的“活力公式”。

5.若不考虑质量损失,当太阳变成一个白矮星时,其半径将减少至现在的1/100。估算化为白矮星的太阳的自转周期。

第18章　宇　宙　学

18.1　宇宙学原理

到目前为止,宇宙在所考查过的每一个尺度上都展示了它的结构。亚原子粒子构成原子核和原子。原子形成行星和恒星。恒星形成星团和星系。星系形成星系团、超星系团,甚至更大的结构——巨洞、纤维,以及横跨天空的片状结构。

从一个原子核中的质子到"宇宙长城"中的星系,可以从极小的到极大的尺度来追踪物质的"集群"层次。那么,集群现象会有一个尽头吗?在某种尺度上,宇宙是否可被视为差不多光滑且无特征的?顺着刚才所描述的趋势,大多数天文学家认为答案是肯定的。这最终是宇宙学——研究整个宇宙结构和演化的科学——的关键假设。

宇宙学研究的是比"宇宙长城"(200~300 Mpc)尺度更大的层次。观测结果显示,宇宙在大于数百 Mpc 的尺度上是均匀的且各向同性的。均匀指宇宙任何地方的整体内容是大致相同的;各向同性指从宇宙中某一个点向任意方向延伸,所观测到的内容是大致相同的。

不过,要注意这一点的前提,即研究对象的尺度足够大。宇宙学家普遍认为,在足够大的尺度上,宇宙是均匀和各向同性的。这两项假设被称为宇宙学原理。

宇宙学原理包含很多内容。其中一点是其指出了宇宙各处适用的物理定律是相同的,即牛顿运动定律在地球上适用,在几百 Mpc 远的某个行星上也一定适用;另外一点是其指出宇宙没有边界,否则会违反均匀性假设。宇宙没有中心,否则会违反各向同性假设。

另外,目前无法证明宇宙学原理严格正确。至少可以说,它们与当前的观测是一致的。

18.2 宇宙学红移

宇宙学红移的成因在“消光与红移”一章中已经讲过了，这节主要讲宇宙学红移与宇宙中的一些物理量的关系。

18.2.1 宇宙学红移与宇宙大小

由宇宙学红移的成因可知，宇宙学红移的大小与宇宙的尺度直接相关，有

$$1 + z = \frac{\lambda_2}{\lambda_1} = \frac{R_{t2}}{R_{t1}} \tag{18.1}$$

式中，R_{t1} 为 t_1 时宇宙的尺度因子。宇宙的尺度因子定义为某时刻宇宙的尺度（可理解为半径）与当前时刻宇宙尺度的比值。由定义知当前时刻宇宙的尺度因子为1。

18.2.2 宇宙学红移与温度

温度指的是不同时期宇宙背景辐射对应的温度。其满足：

$$T \propto 1 + z \tag{18.2}$$

当宇宙背景温度为3 000 K时，背景辐射和正常物质分离开，为退耦时代，此时宇宙背景辐射的光子开始成为自由光子。由此可以计算处于退耦时代的红移 $z \approx 1\ 000$。如果能观测到红移为1 000的辐射，则说明其为退耦时代产生的。当然，因为视界原因不可能观测到红移这么大的辐射。

18.2.3 宇宙学红移与密度

既然宇宙学红移与宇宙的尺度直接相关，那么宇宙学红移也就与宇宙中各组分的密度有关，对物质密度 ρ_{mat}，有

$$\rho_{\text{mat}} \propto \frac{1}{R^3} \tag{18.3}$$

所以

$$\rho \propto (1 + z)^{-3} \tag{18.4}$$

对能量密度 ρ_{rad},先求能量与尺度的关系。由宇宙学红移可知,光子的波长与宇宙尺度因子成正比

$$\lambda \propto R \propto 1 + z \tag{18.5}$$

根据光子能量公式

$$E = h\mu = h\frac{c}{\lambda} \tag{18.6}$$

有

$$E \propto (1 + z)^{-1} \tag{18.7}$$

与物质类似,辐射密度等于其总辐射量除以体积,即有

$$\rho_{rad} \approx \frac{E}{R^3} \approx R^{-4} \approx (1 + z)^{-4} \tag{18.8}$$

可见随着宇宙的膨胀,辐射衰减的速率更快。当前宇宙为暗能量主导,暗能量对宇宙的影响为常数,与红移无关。将时间往前推,首先达到一个物质主导的时期,再往前推将达到一个辐射主导的时期。

18.2.4　宇宙学红移与哈勃定律

将哈勃定律

$$v = H(t)r \tag{18.9}$$

写成

$$\frac{dr}{dt} = H(t)r \tag{18.10}$$

将 $r(t) = R(t)r(t_0)$ 代入(式18.10),即将宇宙尺度 r 用宇宙尺度因子 R 表示,有

$$\frac{dR(t)}{dt} \cdot r(t_0) = H(t)R(t)r(t_0) \tag{18.11}$$

所以

$$\frac{dR(t)}{dt} = H(t)R(t)$$

那么得到一个关于哈勃参数的函数:(注意:此处说哈勃参数而非哈勃常数是因为哈勃参数在宇宙不同时期有不同取值,对于某一特定时间点它才是常数)

$$H(t) = \frac{dR(t)}{dt} \cdot \frac{1}{R(t)} \tag{18.12}$$

式中，$\frac{dR(t)}{dt}$表示 R 关于时间 t 的变化率。将式(18.12)两边取倒数，有

$$\frac{1}{H(t)} = \frac{R}{R'} \tag{18.13}$$

式(18.13)右边表示尺度因子与尺度因子变化率的比值，可近似求出宇宙年龄。这里说“近似”是因为尺度因子的变化率不是常数，直接这么求必然会有一定误差。

不过，如果只是讨论宇宙学红移与哈勃定律的关系，只需记住公式

$$v = cz = H_0 d \tag{18.14}$$

以及考虑相对论时的公式

$$1 + z = \sqrt{\frac{c + v}{c - v}} \tag{18.15}$$

18.3 弗里德曼方程

弗里德曼方程为

$$\left(\frac{\dot{R}}{R}\right)^2 = \frac{8\pi G}{3}\rho + \frac{\Lambda c^2}{3} - \frac{kc^2}{R^2} \tag{18.16}$$

式中，$\dot{R} = \frac{dr}{dt}$。等式左边表示哈勃参数的平方；等式右边第一项表示物质与辐射对宇宙膨胀的影响，第二项表示宇宙学常数(暗能量)对宇宙膨胀的影响；第三项表示宇宙空间曲率对宇宙膨胀的影响。

18.3.1 不同空间曲率的情况

图 18.1 所示为宇宙曲率，宇宙学原理中各向同性的假设等价于从任何一点来看，宇宙是球形对称的。这表明任何球形的体积只在自己的影响下演化。这个体积之外的物质的引力作用在这个体积上的和为 0。设所讨论的体积半径为 r，质量为 M，那么球面上质量为 m 的质点在 r 处的运动方程为

$$\frac{GMm}{r^2} = ma \tag{18.17}$$

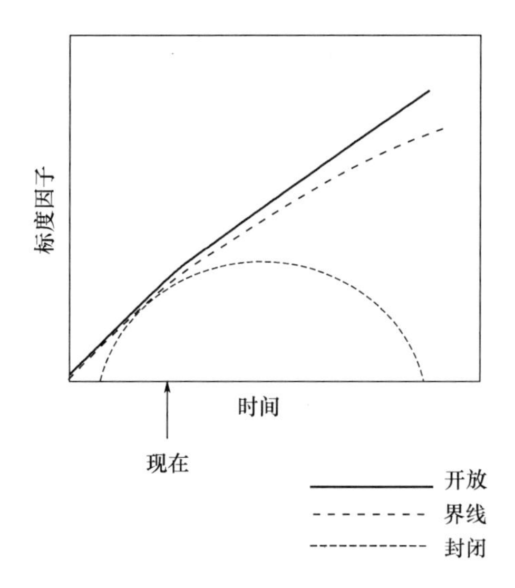

图18.1 宇宙曲率

式中,

$$M = \frac{4}{3}\pi r^3 \rho \tag{18.18}$$

代入式(18.17)有

$$a = \frac{4}{3}\pi G\rho r \tag{18.19}$$

因为加速度 a 是位移 r 的二阶导,有

$$\ddot{r} = \frac{4}{3}\pi G\rho r \tag{18.20}$$

将 r 用尺度因子 R 表示,有

$$\ddot{R} = \frac{4}{3}\pi G\rho R \tag{18.21}$$

对宇宙而言,密度 ρ 与尺度因子的三次方成反比,有

$$\rho(t)R(t) = \rho(t_0)R_0^3 \tag{18.22}$$

代入式(18.21)有

$$\ddot{R} = \frac{4}{3}\pi \frac{G\rho_0}{R^2} \tag{18.23}$$

现在积分式(18.23),在等式两边乘 $\dot{R}$,得到

$$\dot{R}\ddot{R} = \frac{4}{3}\pi\frac{G\rho_0}{R^2}\dot{R} \tag{18.24}$$

注意到有

$$\frac{\mathrm{d}(\dot{R}^2)}{\mathrm{d}t} = 2\dot{R}\ddot{R} \tag{18.25}$$

代入式(18.24)有

$$\frac{1}{2}\frac{\mathrm{d}(\dot{R}^2)}{\mathrm{d}t} + \frac{4}{3}\pi\frac{G\rho\rho_0}{R^2}\mathrm{d}R\mathrm{d}t = 0 \tag{18.26}$$

注意到有

$$\frac{\mathrm{d}(1/R)}{\mathrm{d}R} = -\frac{1}{R^2} \tag{18.27}$$

所以

$$\frac{1}{R^2}\frac{\mathrm{d}R}{\mathrm{d}t} = -\frac{\mathrm{d}(1/R)}{\mathrm{d}t} \tag{18.28}$$

代入式(18.26)可得

$$\frac{\mathrm{d}}{\mathrm{d}t}\left(\dot{R}^2 - \frac{8}{3}\pi\frac{G\rho_0}{R}\right) = 0$$

括号内的量关于时间的导数为0,说明其本身为常数。

令它等于某个任意常数k,则有

$$\dot{R}^2 = \frac{8}{3}\pi\frac{G\rho_0}{R} - k \tag{18.29}$$

式中,k对应弗里德曼方程中的曲率k。

当前宇宙对应的情况为$k=0$,该情况下,有

$$\dot{R}^2 = \frac{8}{3}\pi\frac{G\rho_0}{R} \tag{18.30}$$

对式(18.30)两边开方,得到

$$R^{1/2}\mathrm{d}R = \left(\frac{8}{3}\pi G\rho_0\right)^{1/2}\mathrm{d}t \tag{18.31}$$

对式(18.31)左边从0积分到R,右边从0积分到t,得到

$$\frac{2}{3}R^{\frac{3}{2}} = \left(\frac{8}{3}\pi G\rho_0\right)^{1/2}t \tag{18.32}$$

所以有

$$R \propto t^{\frac{2}{3}} \tag{18.33}$$

即宇宙总是在膨胀,但膨胀速率会越来越小。

对 $k>0$ 和 $k<0$ 的情况不做深入了解,下面只给出结论。

当 $k<0$ 时,宇宙膨胀到 $R_{\max}=\frac{8}{3}\pi\frac{G\rho_0}{k}$后开始收缩,此时宇宙为闭合的。当 $k>0$ 时,宇宙将永远膨胀下去,且膨胀速度趋向 $\sqrt{-k}$,此时宇宙为开放的。

18.3.2 弗里德曼方程

对于弗里德曼方程:

$$\left(\frac{\dot{R}}{R}\right)^2=\frac{8\pi G}{3}\rho+\frac{\Lambda c^2}{3}-\frac{kc^2}{R^2} \tag{18.34}$$

可将式(18.34)转化为

$$\begin{cases}(H_0)^2=\dfrac{8\pi G}{3}\rho_0+\dfrac{\Lambda c^2}{3}-\dfrac{kc^2}{R^2}\\ 1=\dfrac{8\pi G}{3H_0^2}\rho_0+\dfrac{\Lambda c^2}{3H_0^2}-\dfrac{kc^2}{R^2H_0^2}\end{cases} \tag{18.35}$$

宇宙临界密度为

$$\rho_c=\frac{3H_0^2}{8\pi G} \tag{18.36}$$

代入式(18.35)有

$$1=\frac{\rho_0}{\rho_c}+\frac{\Lambda c^2}{3H_0^2}-\frac{kc^2}{R^2H_0^2} \tag{18.37}$$

由此得到一个重要的关系式:

$$1=\Omega_m+\Omega_\Lambda+\Omega_k \tag{18.38}$$

式中,Ω_m 为宇宙密度参数,$\Omega_m=\frac{\rho_0}{\rho_c}=\frac{8\pi G}{3H_0^2}\rho_0$;$\Omega_\Lambda$ 为宇宙学常数参数,$\Omega_\Lambda=\frac{\Lambda c^2}{3H_0^2}$;$\Omega_k$ 为宇宙曲率参数,$\Omega_k=-\frac{kc^2}{R^2H_0^2}$。

现在的观测值为

$$\Omega_m=0.27\pm0.02$$

$$\Omega_\Lambda=0.73\pm0.02$$

$$\Omega_k=0$$

18.3.3 减速因子

上古时期,科学家发现宇宙是膨胀之后形成的,觉得其有悖常识,认为宇宙应该膨胀到某个时刻后开始减速,甚至变为收缩,由此定义了减速因子 q。当然,最后各种方式求出来的减速因子的值并非他们所预想的那样。

18.4 习　　题

宇宙学模型表明宇宙中的辐射能量密度 ρ_r 与红移 z 的比例关系为 $(1+z)^4$,物质能量密度 ρ_m 与红移 z 的比例关系为 $(1+z)^3$。密度参数 Ω 可以表示为 $\Omega=\rho/\rho_c$,其中 ρ_c 表示宇宙的临界能量密度。在现在的宇宙中,辐射能量密度参量 $\Omega_{r_0}=10^{-4}$,物质密度参量 $\Omega_{m_0}=0.3$。

(1) 当辐射能量密度 ρ_r 与物质能量密度 ρ_m 相等时,请计算红移 z_e 的大小。

(2) 假设来自早期宇宙的辐射是黑体辐射,峰值温度为 2.732 K,请估算红移 z_e 处的辐射温度 T_e。

(3) 如果现在的观测者接收到了来自红移 z_e 处的辐射,请估算光子能量 E_v(单位为 eV)。

第二部分　补　　充

第19章　习题参考答案与题解

第1章

1.解　(1)本题若用基本求导规则中的商规则,会比较难算。对于幂函数的求导与积分,最好采用线性规则。

$$y = x^2 + 2x^{-2.5} + x^{-3}$$

$$y' = 2x + 2 \times (-2.5)x^{-3.5} + (-3)x^{-4}$$

$$= 2x - 5x^{-3.5} - 3x^{-4}$$

(2)采用商规则来计算。

$$y = \frac{\sin x}{\cos x}$$

$$y' = \frac{(\sin x)'\cos x - \sin x(\cos x)'}{\cos^2 x}$$

$$= \frac{\cos^2 x + \sin^2 x}{\cos^2 x}$$

$$= \frac{1}{\cos^2 x}$$

(3) $y' = 3\sin^2 x(\sin x)' + 3\cos^2 x(\cos x)'$

$= 3\sin^2 x \cos x - 3\cos^2 x \sin x$

(4) $y' = (x)' \ln x + x (\ln x)'$

$= \ln x + 1$

(5) $M_v' = -2.81 \dfrac{1}{P\ln 10}$

$$M_v'|_P = 5 = -2.81 \frac{1}{5\ln 10} \approx -0.244$$

2. **解** (1) $\mathrm{d}y = \mathrm{d}\left(\dfrac{x}{1-\cos x}\right)$

$$= \frac{\mathrm{d}(x)(1-\cos x) - x\mathrm{d}(1-\cos x)}{(1-\cos x)^2}$$

$$= \frac{1-\cos x - x\sin x}{(1-\cos x)^2}\mathrm{d}x$$

(2) $\mathrm{d}y = \mathrm{d}\sqrt{u} \qquad (u = x + \sqrt{x+\sqrt{x}})$

$$= \frac{1+\mathrm{d}(\sqrt{x+\sqrt{x}})}{2\sqrt{u}}$$

$$= \frac{1+\mathrm{d}\sqrt{v}}{2\sqrt{u}} \qquad (v = x+\sqrt{x})$$

$$= \frac{1+\dfrac{1+\mathrm{d}\sqrt{x}}{2\sqrt{v}}}{2\sqrt{u}}$$

$$= \left(1+\frac{1+\dfrac{1}{2\sqrt{x}}}{2\sqrt{v}}\right)/2\sqrt{u}$$

$$= \left(1+\frac{1+\dfrac{1}{2\sqrt{x}}}{2\sqrt{x+\sqrt{x}}}\right)/2\sqrt{(x+\sqrt{x+\sqrt{x}})}$$

(3) $\mathrm{d}y = \mathrm{d}\ln u \qquad (u = \ln(\ln x))$

$$= \frac{\mathrm{d}u}{u}$$

$$= \frac{\mathrm{d}\ln v}{u} \qquad (v = \ln x)$$

$$= \frac{\mathrm{d}v}{uv}$$

$$= \frac{1}{uvx}\mathrm{d}x$$

$$= \frac{1}{\ln(\ln x)\ln x x}\mathrm{d}x$$

(4) $p = nR\dfrac{T}{V}$

$$dp = nR\frac{dTV - TdV}{V^2}$$

3. **解**　(1) $F(x) = \sin x$

$$I = F(x)\Big|_0^{\frac{\pi}{2}} = \sin\left(\frac{\pi}{2} - \sin 0\right) = 1 - 0 = 1$$

(2) $F(x) = -\cos x$

$$I = F(x)\Big|_{-\frac{\pi}{2}}^{\frac{\pi}{2}} = \left(-\cos\frac{\pi}{2}\right) - \left[-\cos\left(-\frac{\pi}{2}\right)\right]$$

$$= (-0) - (-0) = 0$$

事实上,奇函数在对称区间上的定积分均为零。

(3) $F(x) = x^4$

$$I = F(x)\big|_0^1 = 1^4 - 0^4 = 1$$

(4) $F(x) = \ln x$

$$I = F(x)\big|_1^2 = \ln 2 - \ln 1 = \ln 2$$

4. **解**　$S = \int_0^1 x^2 dx = \frac{1}{3}x^3\big|_0^1 = \frac{1}{3} \times (1^3 - 0^3) = \frac{1}{3}$

第 2 章

1. **解**　(1)地球自转轴变化对日月食频率无影响;(2)月球自转轴方向变化无影响;(3) ~(5)可参考表 19.1 和表 19.2。

表 19.1

原因	结果 1	结果 2	频率增加	频率降低
地球轨道半长径增大	公转周期变长	太阳视直径变小		√
地球轨道半长径减小	公转周期变短	太阳视直径变大	√	
月球轨道半长径增大	朔望月时间变长	月球视直径变小		√
月球轨道半长径减少	朔望月时间变短	月球视直径变大	√	

续表 19.1

原因	结果 1	结果 2	频率增加	频率降低
黄赤交角变大	—	—		√
黄赤交角变小	—	—	√	

表 19.2

原因	结果 1	结果 2
地球直径变大	日食、月食频率增加	—
地球直径变小	月食频率减少	可能不会出现月全食
月球直径变大	日食、月偏食频率增加	月全食频率减少
月球直径变小	日食频率减少	月食频率增加

2. **解**　一个沙罗周期的长度为 $29.530\ 588\times233=6\ 585.321\ 124$ 天，相当于 18 年 11.321 124 天（一个食年长度为 346.62 日，所以一个沙罗周期也非常接近于 19 个食年，$346.62\times19=6\ 585.78$ 天）。0.321 124 天等于 7 h 42 min 25 s。于是将在 2030 年 11 月 25 日世界时 5:55:20 发生一次日全食。

在 0.321 124 天里，地球自西向东自转了 $\omega=0.321\ 124\times24\times15°=115°36'$。2012 年日食的经度是西经 161.3°，它与东西经 180° 相差 18.7°。$180°-(115.6°-18.7°)=83.1°$（东经）。

第 3 章

1. **解**　地球旋转坐标系经典问题——抛体西偏。这里假设抛出速度相对较小，即整个过程的处理可以认为万有引力不变，否则需要将其当成一个轨道问题解决。

在赤道地区水平地面上，竖直向上射出一个质量为 m 的小物体，此时在地面参考系下（地面参考系是一个旋转体系），物体将受到科里奥利力的作用

(实际上,科里奥利力并不是一种真实存在的力,它是惯性作用在非惯性系内的体现)。科里奥利力的表达式为

$$\boldsymbol{F}_{\mathrm{c}} = -2m\boldsymbol{\omega}\times\boldsymbol{v} = -2m\omega v\sin\theta\boldsymbol{e}_{\mathrm{F}}$$

(当 $\boldsymbol{v}$ 在竖直方向运动时,$(90° - \theta)$ 为地理纬度)

赤道纬度为 0,则 $\boldsymbol{F}_{\mathrm{c}} = -2m\omega v\boldsymbol{e}_{\mathrm{F}}$,$\boldsymbol{e}_{\mathrm{F}}$ 为科里奥利力的方向向量,在这里 $\boldsymbol{\omega}$ 沿着地球自转轴方向,$\boldsymbol{v}$ 竖直向上,则 $\boldsymbol{e}_{\mathrm{F}}$ 方向向东,$\boldsymbol{F}_{\mathrm{c}}$ 为大小为 $2m\omega v$、方向向西的力。

另外,在这里认为万有引力不变,即重力加速度 $g=\dfrac{GM}{R^2}$不变,则

$$v(t) = v_0 - gt$$

由物体达到的最大高度为 h,可得

$$v_0 = \sqrt{2gh}$$

则上抛过程中物体向西的速度为

$$v(t) = \int_0^t \frac{F_{\mathrm{c}}}{m}\mathrm{d}t = \int_0^t 2\omega(v_0 - gt)\,\mathrm{d}t = 2\omega v_0 t - \omega g t^2$$

对应向西的位移为

$$s(t) = \int_0^t v(t)\,\mathrm{d}t = \int_0^t (2\omega v_0 t - \omega g t^2)\,\mathrm{d}t = \omega v_0 t^2 - \frac{1}{3}\omega g t^2$$

代入上抛过程所用时间 $t_0=\sqrt{\dfrac{2h}{g}}$,即可得到在上抛过程中物体向西运动为

$$s = \frac{4h\omega}{3}\sqrt{\frac{2h}{g}}$$

同时,下落过程与上抛过程是对称的,下落过程中产生的位移和上抛一致,因此物体比抛出点偏西,距离为 $s=\dfrac{8h\omega}{3}\sqrt{\dfrac{2h}{g}}$(最好自行将 g 换成 M 和 R 的函数,并用$\dfrac{2\pi}{T}$代替 ω,其中 T 为一个恒星日)。

2. **解**　地球旋转坐标系经典问题——落体东偏。处理的过程同抛体问题一致,只是此时初速度为 0,且过程中速度竖直向下,对应得到的科里奥利力朝东,即竖直方向速度为

$$v = gt$$

向东方向速度为

$$v(t)=\int_0^t \frac{F_c}{m}\mathrm{d}t=\int_0^t 2\omega gt\mathrm{d}t=\omega gt^2$$

对应向东的位移为

$$s(t)=\int_0^t v(t)\mathrm{d}t=\int_0^t \omega gt^2\mathrm{d}t=\frac{1}{3}\omega gt^2$$

代入自由落体过程所用时间 $t_0=\sqrt{\frac{2h}{g}}$,即可得到在自由落体过程中物体向东运动位移为

$$s=\frac{2h\omega}{3}\sqrt{\frac{2h}{g}}$$

3. **解** 本题的难点在于理解为何会出现偶然的潮汐消失。实际上应该认识到,潮汐现象的发生,并不仅仅只有月球在参与,对于其他相邻的天体,也同样对地球产生一定的潮汐影响(量级远小于月球),因此在本题中,考虑的情况就是月球和太阳(潮汐影响仅次于月球)的共同潮汐作用,在某一时刻为0。

在理解了题目所问的物理情景之后,下面进入定量分析。

月球对地球的引潮力为

$$F_1=\frac{2GMur}{d^3}$$

太阳对地球的引潮力为

$$F_2=\frac{2GM_\odot ur}{a^3}$$

式中,M 为月球质量;u 为单位质量;$M_\odot$ 为太阳质量;r 为地球半径;d 为地月距离;a 为日地距离。

因此当太阳和月球在地球两侧时,若 $F_1=F_2$,则此时地球表面潮汐消失,即此时有

$$d=\frac{M_a}{M_\odot}$$

此时其周期是显而易见的,即以朔望月为周期(注意和恒星月的区别)。

4. **解** 这道题考虑了理想情况下刚体的洛希极限推导,对于本题,只需要掌握基础的天体力学计算(如引力、向心力等)和引潮力公式(不仅要会记,也

要会推，本质上是小量展开），即可解决该问题。

（1）首先在这里给出引潮力公式为

$$F_1 = \frac{2GMur}{d^3}$$

式中，M 为主星质量；u 为单位质量；m 为伴星质量；r 为伴星半径；R 为主星半径；d 为伴星和主星之间的距离。

另外，再考虑伴星本身的引力和惯性离心力即有如下结论。

惯性离心力为

$$F_2 = u\omega^2 r$$

伴星本身的引力为

$$F_3 = \frac{2GMu}{r^2}$$

注意：对于高中物理而言，是不承认离心力的存在的，但是实际上，力的概念依赖于所选取的参考系，因此在涉及相关计算时，为了方便起见，通常会把参考系建立在球心上，这样，向心力的概念就可以在这个参考系中等效为一个向外的离心力。当然直接用向心力、引力和潮引力做一个受力分析也是可行的。

另外，这道题目中的表达是存在一点问题的，即“假设伴星被撕裂的条件是三力之和不小于0”，因为力是一个矢量，这样的表达本身是把矢量替换成了标量。因此，最符合逻辑的，实际上还是做一个受力分析，当引潮力和引力的合力不足以提供伴星所需的向心力时，伴星开始裂解。

到这一步为止，解决这道题所需的基础概念就已经明晰了，接下来就是开始做联立计算，即

$$F_1 + F_2 = u\omega^2 r + \frac{2GMur}{d^3} = F_3 = \frac{Gmu}{r^2}$$

对应得到的 d 即为所求的极限距离。

本题中，给出的条件为主星和伴星的密度比，因此用密度和半径替换上述式子中的质量 m 和 M，则可得

$$\omega^2 r + \frac{8\pi G\rho_M r R^3}{} = \frac{4\pi G\rho_m r}{3}$$

在这里，由于题目中没有给出对应的数据（主星半径、伴星自转速度等），因此无须进行计算，只需给出最后的表达式即可，另外，由于自转带来的惯性离心力通常比较小，因此可将其忽略，由此可以得到最终结果为

$$d = R\left(\frac{2\rho_M}{\rho_m}\right)^{1/3}$$

即在此忽略了自转的惯性离心力，最后结果由主星半径 R、主星与伴星密度比决定。

(2)如果在(1)中得到了最后的表达式结果，在这里直接用就可以了。

5. **解**　假设人是理想刚体，洛希半径为

$$d \approx 1.26R\left(\frac{\rho_M}{\rho_m}\right)^{1/3}$$

式中，$\frac{\rho_M}{\rho_m}$为地球与人体密度比。

人体的密度可以直接用水的密度估计（$1\ \mathrm{g/cm^3}$），而地球密度为 $5.52\ \mathrm{g/cm^3}$（可以自行计算），代入可以计算此时的洛希半径约为 $0.71R$（R 为地球半径），因此人不在地球的洛希半径内。

对于液体的情况，则会因引潮力的拉伸导致液体拉长，进一步加大了引潮力的影响，因此其洛希半径要比刚体更大，其值约为

$$d \approx 2.44R\left(\frac{\rho_M}{\rho_m}\right)^{1/3}$$

此时代入上述数值可以得到洛希半径约为 $1.26R$，即人处于地球的洛希半径内。

但实际上，人不仅没有被地球的引潮力瓦解，甚至没有什么影响日常的感觉（人并不是由液体组成，但这不是主要原因），最重要的一点在于，洛希半径是建立在两个物体都是通过自身引力来维持自身形状的基础上的，当引潮力大于物体自身引力的时候，就会将物体瓦解。但是人并不是通过自身引力来维持自身形状，而是通过人体组织之间的生物连接来维持的，相比之下，人体的引力基本可以忽略，因此人即使在液体的洛希半径内，也不会有明显的感觉。

第 4 章

1. **解**　本题为 2016 年国决原题,答案为 A。

如图 19.1 所示,其中圆心为太阳,圆为地球轨道。令地球位于此位置时的节气为春分,则有二分二至节气的位置,如图 19.1 右图箭头所示。

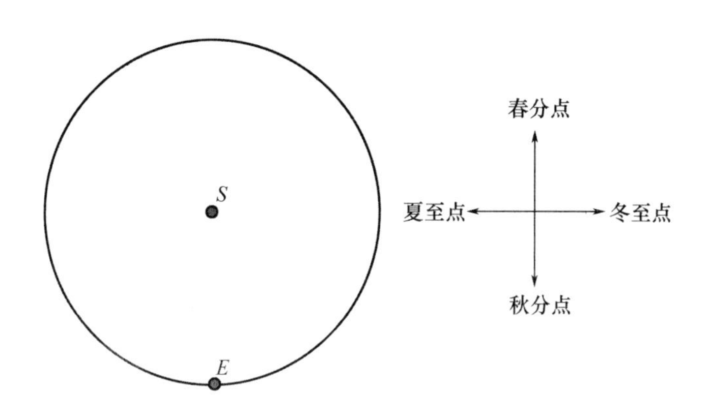

图 19.1　彗星与流星 1

题干说“彗星升交点黄经为 121°”,升交点是地球轨道上的一个有实际空间位置的点。因此,此处的“黄经”应当是以太阳为球心的黄道坐标系中的度量值(若以地球为球心,则升交点的黄经不是定值)。以太阳为球心,标出地球轨道上各点的黄经,如图 19.2 所示。

图 19.2 中的 E 点即为彗星的升交点。彗星轨道与地球轨道有两个交点——升交点与降交点,其中会发生流星雨的一般只有一个,即近日点之后的那个交点。本题中没有给出彗星的运动方向,所以暂时无法根据这一点来判断是在升交点还是降交点发生流星雨。

将升交点与降交点在图 19.3 中同时画出。

这里有一个知识需要注意:升交点、降交点与太阳是在同一直线上的。证明如下。

记彗星轨道平面为平面 α,黄道面为平面 β,升交点、降交点和太阳均在这

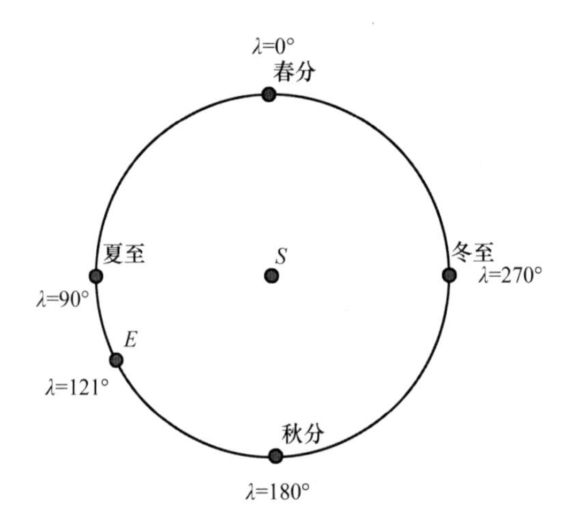

图 19.2　彗星与流星 2

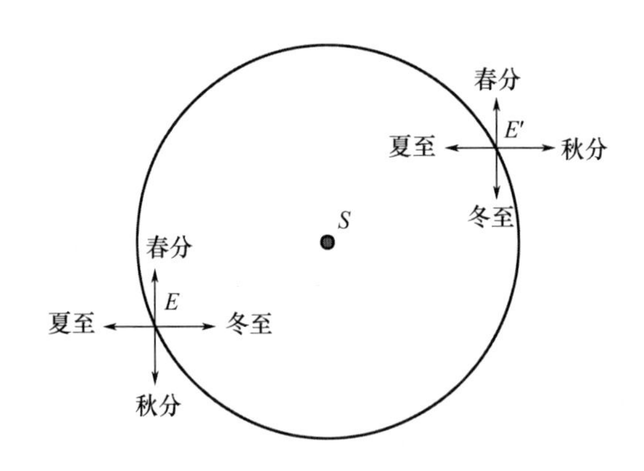

图 19.3　彗星与流星 3

两个平面上，有

$$E \in \alpha, \quad S \in \alpha, \quad E' \in \alpha E \in \beta, \quad S \in \beta, \quad E' \in \beta$$

记

$$\alpha \cap \beta = l$$

因为

$$E \in \alpha E \in \beta$$

所以

$$E \in lS \in l, \quad E' \in l$$

所以，E、S、E'在同一直线 l 上，即升交点、降交点和太阳在同一直线上。

现在考虑题干中的最后一个条件“辐射点赤经为 +35°”。

因为辐射点是在地球上观测的，其天球坐标必然是以地球为球心度量的。流星雨辐射点的赤经实际上就是升交点或降交点上彗星运动方向的赤经。考虑到辐射点是经过近日点后的交点，彗星经过会产生流星雨的交点时，一定是从地球轨道内运行到地球轨道外（从近日点逐渐远离）。可以发现，若流星雨在 E 点发生，其辐射点赤经范围为 $-149° < \alpha < 31°$（作 SE 的垂线可得）（这个不是准确值，准确的计算需要用到球面三角把赤经转化为黄经），若流星雨在 E' 点发生，其辐射点赤经范围为 $31° < \alpha < 219°$。所以该流星雨在 E' 点即降交点发生。

对应情况如图 19.4 所示，其中彗星为顺时针运动。

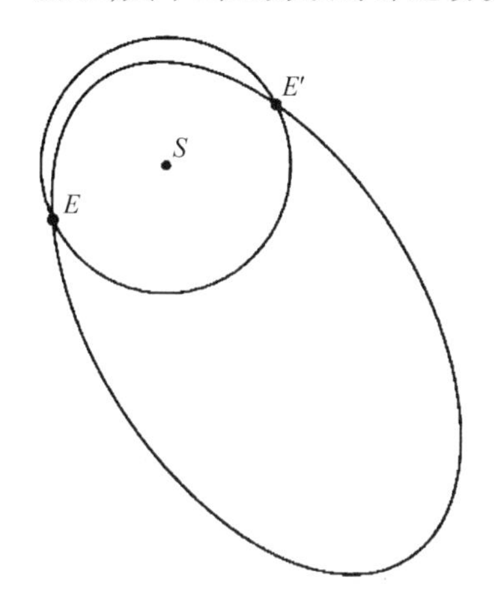

图 19.4　彗星与流星 4

当地球位于降交点时，太阳黄经 $\lambda = 121°$，对应的节气中最接近的为大暑，所以选 A。

这个思路中有一个地方可能有些混乱。一开始黄经 $\lambda = 121°$ 是以太阳为球心度量的，后面又以地球为球心来度量太阳的黄经。前者的原因已经讲过了，后者的原因是从黄经判断节气都是用太阳的黄经，每过一个节气太阳黄经增加约 15°，而度量太阳的黄经则必须以地球为球心建立黄道坐标系。

2. **解**　本体为 2017 年国决原题，答案为 D。

流星运动速度实际上就是流星体和地球的相对运动速度。地球绕太阳公

转的线速度 $v_E=30$ km/s。与地球相对速度为 11 km/s 的流星体的实际运动速度为

$$30-11\ (\text{km/s}) < v_L < 30+11\ (\text{km/s})$$

$$19\ (\text{km/s}) < v_L < 41\ (\text{km/s})$$

其中,最大值与最小值都对应流星体与地球运动方向相同的情况。随着流星体速度从 19 km 增加到 41 km,流星体速度与地球速度的夹角先增大后减小,可以算出其夹角最大值为 21.5°(图 19.5 中虚线情况时)。

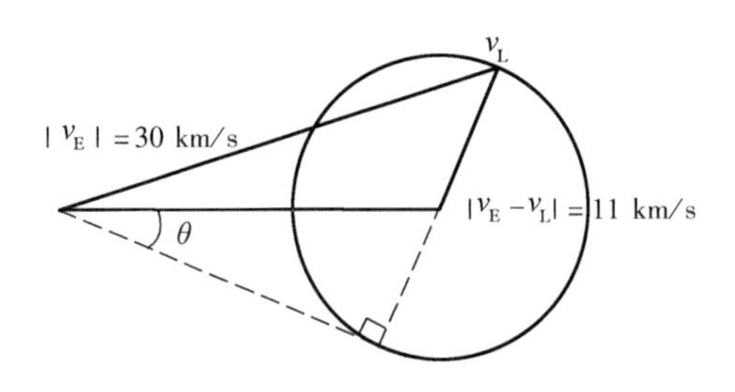

图 19.5　彗星与流星 5

所以流星出现的方向为一个圆锥(即将上图中的包含 θ 的直角三角形绕斜边旋转一周)。显然 A、B、C 选项均为错误的,而 D 选项的"任何"表意上有歧义,综合考虑只能选 D。

3. **解**　本题为 2016 年 APAO 原题改编。

图 19.6 中显示了流星相对于位于 O 点的观测者的各种可能的运行路径。

在 0.8 s 的时间内,流星从 Z 点运动到 Y 点,其速度满足:

$$v=\frac{L}{\tau}$$

式中,L 为 ZY 的距离。很显然,当 ZY 距离最小时流星的速度最小。此时 $\angle ZYO=90°$,即图中的 Y_0 的情况。

所以有

$$v_{\min}=\frac{L_{\min}}{\tau}=\frac{112\ \text{km}\times\sin 30°}{0.8\ \text{s}}=70\ \text{km/s}$$

再考虑速度的最大值。流星进入地球大气层的速度为地球和流星体的相对速度。地球公转速度为 $v_E=29.8$ km/s,流星体在地球轨道时的最大速度为

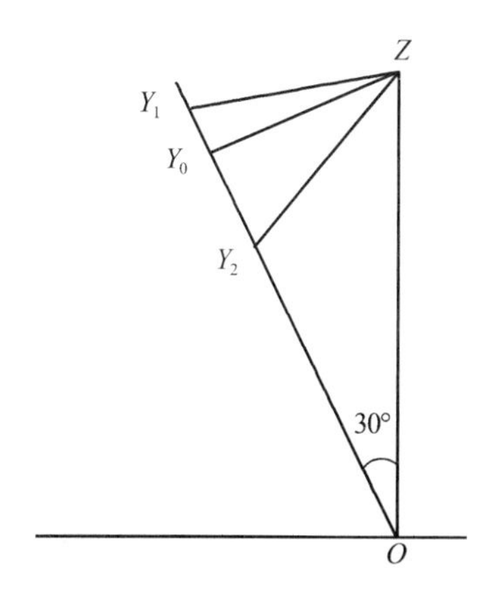

图 19.6　彗星与流星 6

$v_{\mathrm{L}}=\sqrt{2}\cdot v_{\mathrm{E}}=42.1\ \mathrm{km/s}$。因此,流星体相对于地球的最大理论速度满足:

$$v_{\max}=v_{\mathrm{E}}+v_{\mathrm{L}}=72\ \mathrm{km/s}$$

综上,该流星的最小可能速度为 70 km/s,最大可能速度为 72 km/s。事实上,狮子座流星群进入地球大气层时的速度为 71 km/s。

4. **解**　本题为 2013 年国家集训队选拔赛原题改编。

(1)该彗星的轨道倾角很小,可以将其忽略,因此彗星轨道和地球轨道有两个交点。所以该彗星有可能造成其他流星雨。

根据半长轴和近日距可画出彗星轨道和地球轨道示意图(图中长宽比例有缩放),如图 19.7 所示。

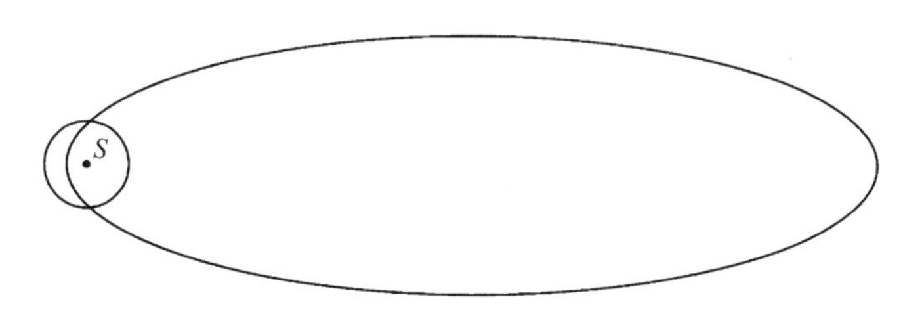

图 19.7　彗星与流星 7

根据圆锥曲线的极坐标方程(以左焦点为原点):

$$\rho=\frac{a(1-e^2)}{1-e\cos\theta}$$

可列出地球轨道的方程：

$$\rho = 1$$

和彗星轨道的方程：

$$e = \frac{c}{a} = \frac{a - q}{a} = 0.98$$

$$\rho = \frac{25 \times (1 - 0.98^2)}{1 - 0.98\cos\theta}$$

联立方程可得

$$\theta \approx 89.4^\circ$$

所以，SMC 与 SHC 极大值的位置黄经相差 $2\theta = 178.8^\circ$，SHC 极大值日期为 6 月 20 日，则 SMC 极大值日期为 12 月 22 日。

把地球轨道的部分放大，如图 19.8 所示。

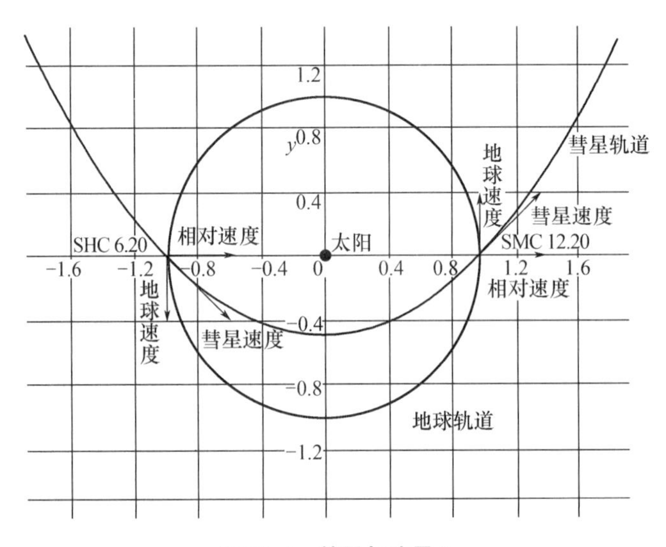

图 19.8　彗星与流星 8

根据活力公式：

$$v^2 = GM\left(\frac{2}{r} - \frac{1}{a}\right)$$

有

$$\frac{v_{\mathrm{H}}^2}{v_{\mathrm{E}}^2}=\frac{\frac{2}{1}-\frac{1}{25}}{\frac{2}{1}-\frac{1}{1}}=1.96$$

$$v_{\mathrm{H}}=1.4v_{\mathrm{E}}$$

根据开普勒第二定律

$$v\cdot r\cdot\sin\theta=C$$

有

$$\frac{v_{\mathrm{H}}}{v_{\mathrm{Hmax}}}\cdot\frac{1}{0.5}\cdot\frac{\sin\theta}{\sin 90^\circ}=1$$

$$\theta\approx 45^\circ$$

即彗星速度约为地球速度的 1.4 倍,彗星速度与地球速度夹角为 $90^\circ-45^\circ=45^\circ$,所以彗星相对地球的速度要么指向太阳,要么背离太阳,如图 19.8 所示。

所以 SHC 与 SMC 的辐射点一个在太阳方向,一个在太阳对面。由于 SHC 有爆发记录,辐射点不可能在太阳方向,所以只能是 SMC 的辐射点在太阳方向,其无法被观测到。

综上:有可能产生其他流星雨。其爆发日期为 12 月 20 日。选择 SHC。

(2)6 月 20 日时太阳位于夏至点附近,SHC 辐射点在太阳对面,即 SHC 辐射点位于冬至点附近,黄经为 270°,大概在人马座,爆发周期大致为彗星的轨道周期,由开普勒第三定律有

$$\frac{a^3}{T^2}=1\ \frac{\mathrm{AU}^3}{\mathrm{yr}^2}$$

解得

$$T\approx 125\ \mathrm{yr}$$

12 月 22 日时太阳位于冬至点附近,SMC 辐射点在太阳同方向,所以黄经为冬至点黄经 270°。

综上,答案为:270°;人马座;125 年;270°;人马座。

(3)判断方法是计算彗星的轨道和观测到的流星体的轨道是否相似。题目中没有给出流星体的速度,但是已经计算出了流星雨的辐射点方向,即流星雨辐射点的位置。

加之彗星相对地球的速度方向与前面计算的不一致,则可以推断 770 P 不

是 SHC 母彗星;如果一致,则有可能。

这里的思路与第(1)问一致,运用极坐标方程、活力公式和开普勒第二定律可算出 770 P 与地球轨道的交点位置、770 P 在地球轨道处的速度和 770 P 在地球轨道处的速度方向。此处省略具体过程。

答案为:有可能。

本书作者:题干中说到可将离心率较大的椭圆视为抛物线,这个近似只适用于第(1)问,而且用抛物线近似后会简化很多运算。但是因为第(3)问同样要用到上述“三件套”,所以本书作者在第(1)问没有用。

第 5 章

1. 略

2. **解** 第一台望远镜的分辨率为

$$\theta_1 = 1.22\frac{\lambda}{D_1} = 1.22\frac{555\ \mathrm{nm}}{150\ \mathrm{mm}} = 0.93''$$

相应的,第二台望远镜的分辨率为

$$\theta_2 = 1.40''$$

望远镜的最小分辨角在经过放大后不应高于人眼分辨率,否则会造成浪费,因此两台望远镜的最大放大倍率为

$$G_{\max 1} = \frac{2'}{0.93''} = 129 G_{\max 2} = \frac{2'}{1.40''} = 85.7$$

同时,月面在放大后也不能超过目镜视场大小,考虑到较为常见的目镜为 45°视场,月亮角直径为 0.5°,两台望远镜的放大倍率不应该高于$\frac{45^\circ}{0.5^\circ}=90$。

根据望远镜的放大倍率公式 $G=\frac{F_{物}}{F_{目}}$,对于两台望远镜和 5 个目镜,各种组合的放大倍率见表 19.3。

表 19.3　组合的放大倍率

目镜焦距/mm	150 mm	100 mm
30	50	20
18	83.3	33.3
10.8	138.9	55.6
6.7	223.9	89.6
3.9	384.6	153.8

因此,150 mm 望远镜应选择 18 mm 目镜,100 mm 望远镜应选择 6.7 mm 目镜。

3. **解**　地球自转的真实周期是恒星日,其长度为 23 h 56 min 4 s,折合 86 164 s。织女星通过望远镜视场的 5.3 min,相当于 318 s。

因为

$$86\ 164/318 = 270.96$$

所以一个恒星日相当于通过视场时间的 270.96 倍。

然后假设用 360°作为天赤道的"长度",那么赤纬 +39°的小圆圆弧的长度为

$$360 \times \cos 39° = 279.78°$$

用"长度"除以"时间的倍数"就有

$$279.78°/270.96 \times 60 = 61.95'$$

第 6 章

1. **解**　首先运用开普勒第三定律求出水星的公转周期。

将 $a = 0.387$ 代入

$$\frac{a^3}{T^2} = 1$$

解得

$$T = 0.240\ 8 \text{ 年}$$

即

$$T = 88\text{ 天}$$

水星位于地球轨道之内，公转速度快于地球，不久后水星将位于西大距的位置，如图 19.9 所示。图中 S 代表太阳，M 代表水星，E 代表地球。西大距时，$\angle SME = 90°$。$\angle MSE$ 表示水星比地球多转过的角度。

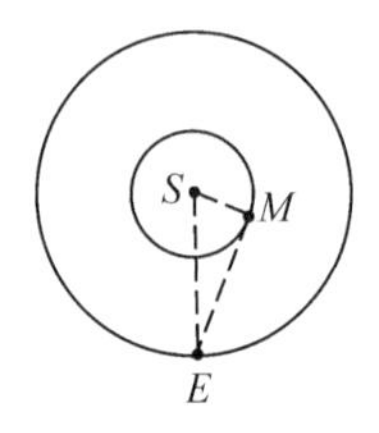

图 19.9

因为

$$\cos\angle MSE = \frac{SM}{SE} = 0.387$$

所以

$$\arccos\angle MSE = 67.23°$$

水星每天比地球多转过的角度为

$$360°/88 - 360°/365 = 3.1°$$

在 $67.23°/3.1° = 22$ 天后，水星到达西大距位置。

水星位于东大距时，它应比地球多转的角度为

$$360° - 67.23° = 292.77°$$

经过了

$$292.77°/3.1° = 94\text{ 天}$$

2. **解**　太阳系的经典行星都是自西向东公转的。所以它们日心经度的变化方式都是由小变大，然后再返回 0°。9 月 1 日是 7 月 1 日后的第 62 天，为了便于计算，可认为地球和木星的轨道都是圆轨道。

在此期间地球运行的角度为

$$62 \times \frac{360°}{365.242\,2} = 61.1°$$

木星运行的角度为

$$62 \times \frac{360°}{365.2422 \times 11.86} = 5.2°$$

于是在9月1日，木星的日心经度为291° +5.2° =296.2°，地球的日心经度为279° +61.1° =340.1°。图19.10所示为此时两行星的位置关系。图中，S代表太阳，J代表木星，E代表地球。两行星与太阳的连线构成的夹角$\angle ESJ \approx 44°$。

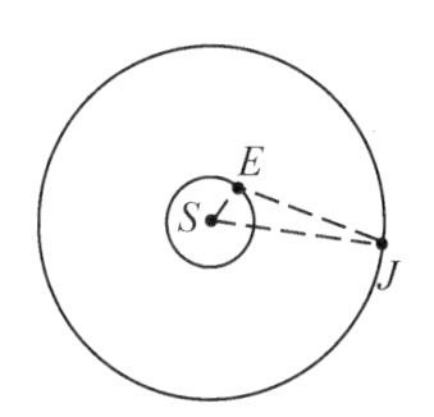

图19.10

要想求得木星的视位置，必须知道在地球上所见的木星与太阳的角距离，即$\angle SEJ$。由正弦定理可得

$$\frac{\sin\angle EJS}{\sin\angle ESJ} = \frac{SE}{EJ} \tag{19.1}$$

根据余弦定理可求出EJ的长度。已知$SE = 1$ AU，$SJ = 5.2$ AU，又知$\angle ESJ \approx 44°$，有

$$EJ = \sqrt{SE^2 + SJ^2 - 2 \times SE \times SJ \times \cos\angle ESJ} \approx 4.5 \text{ AU}$$

将$SE = 1$ AU，$EJ = 4.5$ AU代入式(19.1)，可知

$$\sin\angle EJS = \frac{1}{4.5} \times \sin\angle ESJ \approx 0.1544$$

由反正弦函数可得$\angle EJS \approx 9°$。则$\angle SEJ = 127°$，9月1日的太阳黄经约为

$$180° - 0.9856° \times 22 = 158.3° \quad \text{（用秋分9月23日倒回去计算）}$$

木星处在西方照的状态，其黄经约为

$$158.3° + 127° = 285.3°$$

归算赤经约为19 h。

第7章

1. 解 本题综合了开普勒第三定律和会合周期的知识。开普勒第三定律

揭示了行星的轨道半长径 a 与公转周期 T 的数量关系。会合周期公式显示了行星间公转周期与位置的关系。

小行星在午夜上中天，便表明它的轨道应在地球轨道之外，而且还处于“冲”的位置。设小行星的公转周期为 T，小行星与地球的会合周期为 P，两个量均以年作为单位。用会合周期公式表示为

$$1-\frac{1}{T}=\frac{1}{P} \tag{19.2}$$

根据小行星两次冲日的时间间隔（即从 2003 年 3 月 12 日到 2004 年 5 月 3 日所经历的天数），得 418 天，则 $P=8/7$ 年，代入式（19.2），得 $T=8$ 年。

在太阳系内，开普勒第三定律可以简化为

$$\frac{a^3}{T^2}=1 \tag{19.3}$$

将 $T=8$ 代入式（19.3），解得 $a=4$ AU。

2. **解**　这个例题综合考查了开普勒第三定律的应用与张角的计算方法。

要求出行星与恒星的张角，不仅要知道地球到那颗恒星的距离，还得知道恒星的轨道半长径 a。a 可以由开普勒第三定律求出，行星的公转周期未知。

此行星系统的宿主恒星与太阳类似，于是可以把该行星与地球类比。利用圆轨道运行规律 $v=2\pi R/T$，有

$$\frac{V_E}{V_P}=\frac{R_E\cdot T_P}{R_P\cdot T_E} \tag{19.4}$$

式中，下标 E 为地球，P 为行星。由于恒星类似于太阳，根据开普勒第三定律的简化形式，得

$$\left(\frac{T_P}{T_E}\right)^2=\left(\frac{R_P}{R_E}\right)^3 \tag{19.5}$$

把地球公转线速度 30 km/s，地球轨道半长径 1 AU，地球的公转周期以及行星的公转速度代入，可以把式（19.4）、式（19.5）分别化简为

$$T_P:R_P=3:2 \tag{19.6}$$

$$(T_P)^2=(R_P)^3 \tag{19.7}$$

联立式（19.6）、式（19.7）解得

$$R_P=2.25\ \text{AU}$$

设最大的张角为θ,又知 1 ly = 63 240 AU,代入视直径(张角)公式,有

$$\frac{2.25}{2\pi \times 10 \times 63\ 240} = \frac{\theta}{360^\circ \times 3\ 600''}$$

得

$$\theta \approx 0.73''$$

第 8 章

1. **解**　这里只讲解确定船只纬度的算法。由于题目并没有说明太阳上中天的时候,太阳是位于天顶以南,还是位于天顶以北,所以此题的纬度应有两个解。

①太阳在天顶以南时,根据

$$z = (\varphi_1 - \delta) \tag{19.8}$$

将$z = 16^\circ 25'$,$\delta = 19^\circ 49'$代入式(19.8),解得

$$\varphi_1 = 36^\circ 14'$$

②太阳在天顶以北时,根据

$$z = -(\varphi_2 - \delta) \tag{19.9}$$

解得

$$\varphi_2 = 3^\circ 24'$$

2. **解**　上中天时,南十字座的最北处的天顶距为

$$z = \varphi - \delta$$

把$\varphi = -4^\circ$,$\delta = -55^\circ$代入上式,得

$$z = 51^\circ$$

故其地平高度为

$$h = 90^\circ - 51^\circ = 39^\circ$$

已知观察者与树的距离AB长为 30 m,则树冠高为

$$BC + 1.7 = \tan 39^\circ \times AB + 1.7 = 24.3 + 1.7 = 26(\text{m})$$

故这株椰子树的树冠高度应不低于 26 m,如图 19.11 所示。

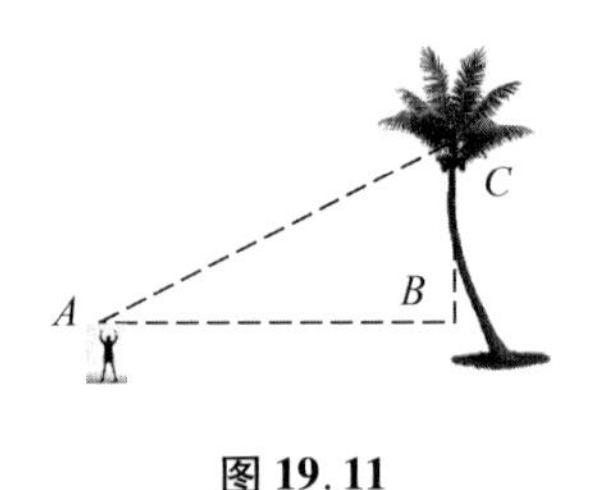

图 19.11

第 9 章

1. **解** D。宇宙最开始就是一锅由基本粒子组成的热汤，最先也是最容易产生的元素就是一个质子和一个电子组成的氢，即使宇宙演化到现在，其元素组成中氢仍然占据着主要地位。

2. **解** D。分子云就是气体分子的聚合体，作为恒星诞生的摇篮，其最主要的成分仍然是氢(原子气体或分子气体)，尘埃和其他重元素都是占比极少的。在这里也可简单地用恒星氢和氦的比例来做一个下界估计。

3. **解** 首先，回答这个问题需要一点天文学常识，即太阳的辐射功率 $P = 3.8\times10^{26}$ W(或者可以从太阳常数 1 367 W/m^2 出发来计算这个值)。

然后，计算太阳已释放的能量为

$$E = Pt \approx 5.5\times10^{43}\ \text{J} \quad (t = 46\ \text{亿年})$$

最后，计算太阳从无穷远处收缩到现在的半径 R 所释放的能量 E'，这里作为一个简单的量级估计，不需要计算得那么仔细，因此如果已知一个均匀物体的引力势能约为 GM^2/R(不同的形状会带来一个常数，但是在这里并不重要)，就可以直接计算得到 $E'\approx3.8\times10^{41}\ \text{J}\ll E$，即可说明该观点错误。

当然最标准的做法是从引力势能的定义出发去做积分，来得到精准的表达式(与上述结果相差一个系数，不影响量级)，进而得到同样的结果，在此推导留给读者。

4. **解** (1)对于理想黑体的行星而言，建立了一个简单的热平衡模型，即行星吸收太阳的辐射和自身的黑体辐射保持平衡：

$$L = 4\pi\sigma R^2T^4 = \pi R^2L_0/4\pi d^2$$

式中，L_0 为太阳光度；d 为行星与太阳距离；R 为行星半径；T 为行星平均温度。

化简后有

$$16\pi^2\sigma T^4 d^2 = L_0$$

利用地球和火星的半长径比值(在此将火星简化为圆轨道)及地球温度即可求得火星大气平均温度 $T\approx 227\ \text{K}$。

(2)首先,列出理想气体状态方程:

$$pV = nRT$$

式中,n 为物质的量。

由于火星大气的成分为二氧化碳,因此密度为

$$\rho = \frac{46\ \text{g}}{\text{mol}} \times \frac{n}{V}$$

所以

$$p = \rho RT/46$$

5.**解** (1)这道题考查了金斯判据:

$$M > M_\text{J} = 1.2 \times 10^5 M_\odot \left(\frac{T}{100\ \text{K}}\right)^{3/2} \left(\frac{\rho}{10^{-24}\text{g/cm}^{-3}}\right)^{-1/2} \mu^{-3/2}$$

代入 $M = \frac{4\pi\rho R^3}{3}$ 和 $\mu = 2$(氢分子)可得

$$R > \frac{3M_\text{J}}{4\pi\rho} = 1.2 \times 10^5 M_\odot \left(\frac{T}{100\ \text{K}}\right)^{3/2} \left(\frac{\rho}{10^{-24}\text{g/cm}^{-3}}\right)^{-1/2} \mu^{-3/2}$$

$$\approx 1 \times 10^4 M_\odot \left(\frac{T}{100\ \text{K}}\right)^{3/2} \left(\frac{\rho^3}{10^{-24}\text{g/cm}^{-3}}\right)^{-1/2}$$

(2)求行星反射光度 L_r,首先求行星接收到的光度 $L_\text{i} = \frac{L}{4\pi D^2} \times S = \frac{Lr^2}{D^2}$(即恒星在轨道半径为 D 处单位面积上的能量乘行星截面积),考虑到反照率为 α,则

$$L_\text{r} = \frac{\alpha L r^2}{D^2}$$

(3)对于被潮汐锁定的天体(只有一面向着中心天体),通常认为该天体分为亮暗两面,分别对应温度高和温度低的两边,此时两边的温差将变得很大,因此在考虑天体的黑体辐射时,只需要考虑亮面的影响。

在本题中,可以知道天体吸收的能量为

$$L_x = \frac{(1-\alpha)Lr^2}{D^2}$$

同时天体通过黑体辐射保持能量平衡,即有

$$L_x = \frac{(1-\alpha)Lr^2}{D^2} = 2\pi\sigma r^2 T^4 \qquad \text{(只考虑亮面,因此表面积只取一半)}$$

即可解得天体表面温度为

$$t = \left(\frac{(1-\alpha)L}{2\pi\sigma D^2}\right)^{1/4}$$

6. **解** (1)对于自由落体时间,其实大部分人在刚接触时,都把问题想复杂了,认为这个过程是一个变加速过程,然后得到一个二阶常微分方程。但是实际上,自由落体时标的定义正如其名,即物体在星云表面做自由落体运动(加速度恒定,且大小等于表面重力加速度)下落到中心点所用的时间,即

$$\frac{1GM}{2R^2}t_{\rm f}^2 = \frac{2\pi}{3}G\rho R t_{\rm f}^2 = R$$

则

$$t_{\rm f} = \sqrt{\frac{3}{2\pi G\rho}} \approx \sqrt{\frac{1}{G\rho}}$$

作为时标通常只考虑其数量级与各个物理量之间的关系,因此对于一些小常数,通常会将其直接约去。

(2)从题目所给的提示可知,只需要再引入质量守恒和动量守恒定律,即可解出声速表达式(压缩波经过的区域前后满足质量守恒),即

$$\rho c_{\rm s} t = (\rho + {\rm d}\rho)(c_{\rm s} - v_0)t$$

则

$$\rho v_0 = (c_{\rm s} - v_0){\rm d}\rho \approx c_{\rm s}{\rm d}\rho \qquad (v_0 \ll c_{\rm s}\text{,在此忽略二阶小量 } v_0{\rm d}\rho)$$

压缩波经过的区域前后满足动量守恒,即

$$\rho c_{\rm s} t v_0 = (p + \Delta p - p)t$$

则

$$\rho c_{\rm s} v_0 = \Delta p$$

联立上述两式子即可得

$$c_{\rm s} = \sqrt{\frac{\Delta p}{{\rm d}\rho}} = \sqrt{\frac{{\rm d}p}{{\rm d}\rho}}$$

而理想气体在绝热条件下状态方程为 $pV^{\gamma}=$ 常数，即

$$V^{\gamma}\mathrm{d}p+\gamma V^{\gamma-1}p\mathrm{d}V=0$$

化简即有

$$V\mathrm{d}p+\gamma p\mathrm{d}V=0$$

利用理想气体状态方程：

$$pV=Nk_{\mathrm{B}}T \qquad (N\text{ 为气体分子数})$$

及

$$\rho=Nm/V$$

可得

$$\mathrm{d}V=-\frac{Nm\mathrm{d}\rho}{\rho^{2}}$$

则

$$V\mathrm{d}\rho+\gamma p\mathrm{d}V=\frac{Nm\mathrm{d}p}{\rho}-\frac{\gamma pNm\mathrm{d}\rho}{\rho^{2}}=0$$

则

$$\rho\mathrm{d}p-\gamma p\mathrm{d}\rho=\rho\mathrm{d}p-\gamma Nk_{\mathrm{B}}T\mathrm{d}\rho/V=\rho\mathrm{d}p-\gamma\rho k_{\mathrm{B}}T\mathrm{d}\rho/m=0$$

可得

$$c_{\mathrm{s}}=\sqrt{\frac{\mathrm{d}p}{\mathrm{d}\rho}}=\sqrt{\frac{\gamma k_{\mathrm{B}}T}{m}}$$

(3)从题目中所给的条件可以列出自发收缩的临界情况为

$$\frac{R}{c_{\mathrm{s}}}>t_{\mathrm{f}}$$

即

$$R\sqrt{\frac{m}{\gamma k_{\mathrm{B}}T}}>\sqrt{\frac{3}{2\pi G\rho}}$$

可得

$$R\sqrt{\frac{m}{\gamma k_{\mathrm{B}}T}}>\sqrt{\frac{3\gamma k_{\mathrm{B}}T}{2m\pi G\rho}}=\sqrt{\frac{2k_{\mathrm{B}}T}{m\pi G\rho}}$$

即可解得金斯长度为

$$L = 2R = \sqrt{\frac{8k_B T}{m\pi G\rho}}$$

第 10 章

1. 解　质量为 $0.8M_{太阳}$ 的恒星原先是双星系统中质量较大的一个,其先进入红巨星阶段,导致自身体积膨胀超过洛希瓣分界,部分质量被双星系统中质量较小的另一颗恒星吸积,最终使红巨星质量减小为 $0.8M_{太阳}$,成为伴星。另一颗恒星则还未进入红巨星阶段。

第 11 章

1. 解　A。激变变星是一种爆发性的恒星,或称为 CV 型变星,指新星、超新星、耀星和其他正在爆发的恒星。单纯从名字出发也能够猜到正确答案。

2. 解　D。光谱型排序 OBAFGKM。(Oh Be A Fine Girl, Kiss Me)

3. 解　B。题目重点——发射星云,星云通常分为发射星云、反射星云和暗星云三种。三种星云的成因都是需要掌握的基础知识。

4. 解　(1)画图结果如图 19.12 所示。

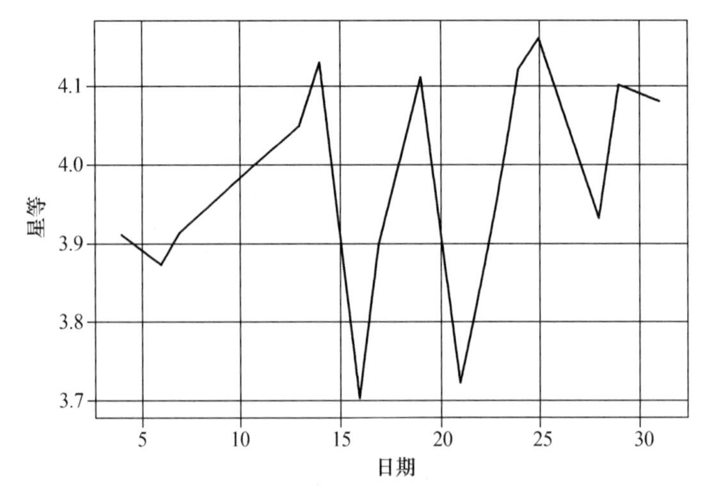

图 19.12

5. 解　将两个表中所给数据绘制成色指数 - 星等图如图 19.13 所示。

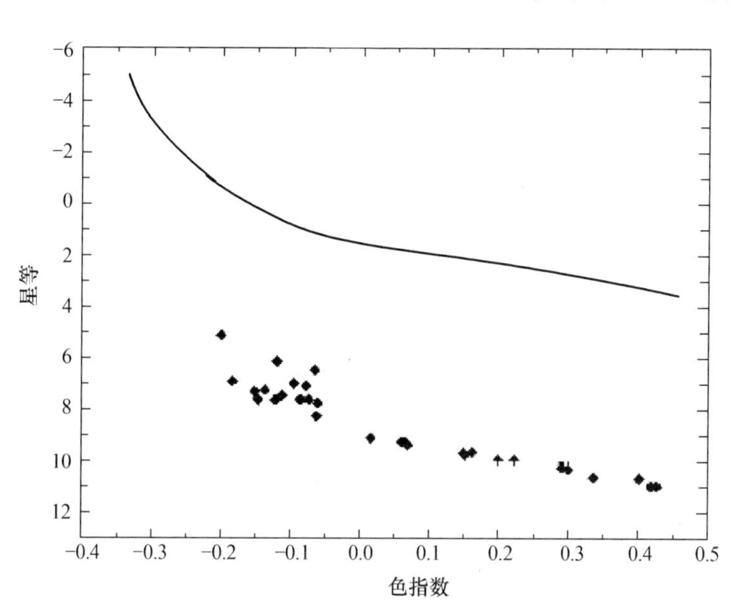

图 19.13

可以看到实际观测的色指数 - 星等图与 ZAMS 的赫罗图存在一个截距，这是因为 ZAMS 给的是绝对星等，而实际观测得到的星等值为视星等，对于同一个星团的恒星，可以认为其距离相同，因此只需要估计两者的截距差，即可通过距离模数公式计算星团距离，在此不做具体计算。

需要注意一点，在实际的观测中，无法得到 B - V 较小的样本点，这是因为在星团演化过程中，大质量恒星（B - V 较小）已经演化完毕，因此不再出现在主序带上，而对于 B - V 在 -0.2 ~0 之间的数据点，可以看到此时分布较为密集，且与 ZAMS 存在一定的误差，这说明此时星团的年龄正是此处恒星的寿命（即星团拐点），这部分的恒星开始脱离主序带向巨星演化。因此在实际截距估算中，应选取 B - V >0 的部分进行估计。

6. 解　(1)略。　(2)B。　(3)C。　(4)A。　(5)C。

(6)B。本题目中需要一点天文基础知识，已知视星等和绝对星等，通过距离模数计算距离 D，具体过程不展示，但是需要注意的是，尽管这道题很简单，但是作为分光视差法的简化处理流程，对理解分光视差法测量距离这一方式还是起到了不错的梳理作用。

第 12 章

1. **解** 本题为 2016 年国决原题。

1 000 颗 8 等星的亮度为 1 颗 8 等星亮度的一千倍，根据普森公式有

$$m_1 - m_2 = -2.5\lg\left(\frac{E_1}{E_2}\right)$$

$$= -2.5\lg 1\,000$$

$$= -7.5$$

所以

$$m_1 = 8 - 7.5 = 0.5^m$$

2. **解** 本题为 2015 年 IAO 原题。

希腊字母共 24 个，因此 PaA 的星等为 $+2.40^m$。根据普森公式有

$$\Delta m = -2.5\lg\left(\frac{E_1}{E_2}\right) = 0.1$$

所以

$$\frac{E_1}{E_2} = 0.912$$

即每一颗恒星的亮度为前一颗恒星亮度的 0.912 倍，记 $q = 0.912$，α_{PaA} 的亮度为 E_0。根据等比数列求和可求出所有恒星的亮度和为

$$\sum E = \frac{E_0(1 - q^{24})}{1 - q} = 10.1E_0$$

根据普森公式有

$$m_{\text{total}} - m_0 = -2.5\lg 10.1 = -2.512\,7^m$$

所以

$$m_{\text{total}} = -2.512\,7^m + 0.1^m = -2.412\,7^m$$

3. **解** 本题为 2013 年国决原题改编。

设行星的轨道为圆轨道，轨道半径为 R(AU)，合日时行星与地球的距离为 $r_1 = R + 1$，冲日时行星与地球的距离为 $r_2 = R - 1$，根据距离平方反比定律：

$$E = \frac{L}{4\pi r^2}$$

有

$$m_1 - m_2 = -2.5\lg\left(\frac{E_1}{E_2}\right)$$

$$= -2.5\lg\left(\frac{r_2^2}{r_1^2}\right)$$

$$= -2.5\lg\left(\frac{R-1}{R+1}\right)^2$$

$$= 0.85R$$

$$= 5.174\ \mathrm{AU}$$

对应为木星。

4. **解**　本题为 2012 年国决原题。

该望远镜的极限星等可根据普森公式算出

$$m_{\max} - m_0 = -2.5\lg\left(\frac{6\ \mathrm{mm}}{60\ \mathrm{cm}}\right)^2$$

$$= -2.5\lg 10^{-4}$$

$$= 10$$

所以

$$m_{\max} = 10 + 6 = 16^m$$

望远镜的极限星等比冥王星暗 2^m,即可以看到的最暗天体的亮度为冥王星的$\left(\frac{1}{2.512}\right)^2 = 0.1585$ 倍。

因为天体的反照率和冥王星相近,其亮度只与面积有关:

$$E \propto S \propto D^2$$

所以

$$\frac{D^2}{D_{\mathrm{Pluto}}^2} = 0.1585$$

解得

$$D = \sqrt{0.1585} \cdot D_{\mathrm{Pluto}} = \frac{1}{2.512} \cdot 2\,300 = 916(\mathrm{km})$$

5. **解**　本题无参考答案。

人眼能否看到一颗恒星取决于恒星的绝对星等及恒星到观测者的距离。

人眼的极限星等增加即人眼能看到的恒星(同等光度)的最远距离增加了。可认为恒星在星际空间中的分布是均匀的,则能看到的恒星数目正比于能看到的恒星所处的空间的体积,有

$$\frac{N_1}{N_2} = \left(\frac{d_1}{d_2}\right)^3$$

$$m_1 - m_2 = -2.5\lg\left(\frac{E_1}{E_2}\right)$$

$$= -2.5\lg\frac{d_2^2}{d_1^2}$$

$$1 = 5\lg\frac{d_1}{d_2}$$

所以

$$\frac{d_1}{d_2} = 10^{0.2}$$

$$\frac{N_1}{N_2} = 10^{0.6} \approx 4$$

综上:能看到的恒星数目大约是之前的4倍。

6.**解** 本题为2017年IAO原题改编。

地外生命的眼睛特性与人类相同,即有相等的极限星等 $m_{\max} = +6.0^m$,所以地外生命能看到的恒星的星等范围为

$$+1.0^m < m < +6.0^m$$

结合地外熊和地外企鹅的家所在恒星的绝对星等范围:

$$+0.5^m < M < +16^m$$

根据距离模数公式:

$$m - M = 5\lg d - 5$$

可算出家恒星与峰会举办地的距离范围为

$$0.01\ \text{pc} < d < 125.89\ \text{pc}$$

可以发现,当两个家恒星与举办地距离均为最小值0.01 pc时,家恒星间距离最小;当一个家恒星为0.01 pc,另一个为125.89 pc时,家恒星间的距离最大(严格证明略)。解三角形有

$$\frac{1}{2}l_{\min} = d_{\min} \cdot \sin 15^\circ$$

$$l_{\min} = 0.005\ \text{pc}$$

$$l_{\max^2} = d_{\max^2} + d_{\min^2} - 2 \cdot d_{\max} \cdot d_{\min} \cdot \cos 30^\circ$$

$$l_{\max} = 130\ \text{pc}$$

综上:最小距离为 0.005 pc,最大距离为 130 pc。

7. **解**　本题为 2016 年集训队选拔赛原题。本题无参考答案。

马门溪龙的相关数据未知,但天文奥赛不会在这种地方刻意为难我们,只要思路是对的还是能拿到大部分分数。根据资料,马门溪龙的头长约 1.5 m,假设头长与瞳孔直径成正比,则有

$$m_{\text{dra}} - m_{\text{hum}} = -2.5\lg\left(\frac{\frac{1}{1.5^2}}{\frac{1}{0.25^2}}\right) = -2.5\lg\left(\frac{1}{6}\right)^2 = 3.89$$

这两个极限星等的差同时也是该恒星在恐龙时期与现在的星等差,即该恒星在一亿年的尺度上变亮了 3.89^m,现在分析怎样的演化过程会造成这样的变化。

首先考虑恒星自身的演化,恒星演化为红巨星可以使其亮度大致有这样的变化。绝对星等 $M = -3.5^m$ 的恒星属于巨星,这基本符合假设。则情况为:一亿年前该恒星为小质量恒星,现在演化为红巨星。

接着考虑观测者的变化,即恒星与观测者的距离变化。若恒星亮度变化是由距离减小造成的,则

$$\frac{d_{\text{dra}}}{d_{\text{hum}}} = \sqrt{\frac{E_{\text{hum}}}{E_{\text{dra}}}} = \sqrt{2.512^{3.89}} = 6$$

不考虑星际消光,由距离模数公式可解得现在恒星与地球的距离为

$$m - M = 5\lg d - 5$$

$$6 - (-3.5) = 5\lg d_{\text{hum}} - 5$$

$$d_{\text{hum}} = 794.3\ \text{pc}$$

则恒星相对地球的径向速度为

$$v = \frac{d_{\text{dra}} - d_{\text{hum}}}{10^8\text{yr}} = 4 \times 10^{-5}\text{pc/yr} = 40\ \text{km/s}$$

这个值并不算很大,可以接受。

综上:该恒星可能由主序星阶段进入红巨星阶段,或自身与地球的距离减小了。

8. **解**　本题为 2013 年 IOAA 原题。

根据斯特藩-玻尔兹曼定律有

$$\frac{L_A}{L_B} = \left(\frac{R_A}{R_B}\right)^2 \cdot \left(\frac{T_A}{T_B}\right)^4 = \left(\frac{R_A}{R_B}\right)^2$$

根据普森公式有

$$m_A - m_B = -2.5\lg\left(\frac{L_A}{L_B}\right) = -10$$

解得

$$R_B = 0.017R = 1.2 \times 10^4 \text{ km}$$

综上:天狼星 B 的半径为 1.2×10^4 km。

9. **解**　本题为 2012 年 APAO 原题。

本题的思路是,碎裂前只有彗核反射太阳光,碎裂后所有碎片共同反射太阳光,亮度核彗核或尘埃碎片总表面积成正比。彗星短时间内亮度增加了 $17^m - 2^m = 15^m$,亮度增加约 $2.512^{15} = 10^6$ 倍。因此爆炸后它的反射面积增加了 10^6 倍。

设彗星碎裂成 N 块,下标 0 表示碎裂前,下标 1 表示碎裂后。那么表面积核体积的关系满足:

$$N \cdot S_1 = 10^6 S_0$$

$$N \cdot V_1 = V_0$$

所以

$$N \cdot d_1^2 = 10^6 d_0^2$$

$$N \cdot d_1^3 = d_0^3$$

解得

$$d_1 = 10^{-6} \cdot d_0$$

$$N = 10^{18}$$

碎片的平均大小为

$$\bar{d}^3 = \frac{3.4\ \text{km}}{10^8}$$

所以

$$\bar{d} \approx 3\ \text{mm}$$

综上:估计彗星碎裂成10^{18}块,碎片的平均大小为3 mm。

10. **解**　本题为2015年IOAA原题。

在700 μs内,射电脉冲传递的距离为

$$r = c \cdot t = 3 \times 10^8\ \text{m/s} \times 700 \times 10^{-6}\ \text{s} = 2.1 \times 10^5\ \text{m}$$

该射电脉冲源的区域尺度肯定不会大于光在脉冲持续时间内走过的距离,否则该射电脉冲源发出的最近的光和最远的光之间的时间差就会超过700 μs了。可以假设射电脉冲源的尺度为$R = 2.1 \times 10^5$ m。

射电脉冲源频率在1 660 MHz时,被测量到的流量密度为

$$S_{1\,660\ \text{MHz}} = 0.35\ \text{kJy} = 3.5 \times 10^{-24}\ \text{Wm}^{-2}\text{Hz}^{-1}$$

根据立体角近似公式有射电脉冲源在地球上观测立体角为

$$\Omega_{\text{rad}} = \frac{\pi R^2}{d^2} = \pi\left(\frac{2.1 \times 10^5\text{m}}{2.3\ \text{kpc}}\right)^2 = 2.75 \times 10^{-29}\ \text{sterad}$$

流量密度与总亮度的关系满足:

$$S_{1\,660\ \text{MHz}} = B_{1\,660\ \text{MHz}} \cdot \Omega_{\text{rad}}$$

射电波段的黑体辐射近似符合瑞利-金斯公式,在该频率,总亮度满足:

$$B_{1\,660\ \text{MHz}}(\text{T}) = \frac{2kT_{\text{b}}v^2}{c^2}$$

式中,T_{b}为亮温度;k为玻尔兹曼常数。整理得

$$T_{\text{b}} = \frac{S_{1\,660\ \text{MHz}} \cdot c^2}{2kv^2\Omega_{\text{rad}}}$$

$$= \frac{3.5 \times 10^{-24}\ \text{Wm}^{-2}\text{Hz}^{-1} \times (3 \times 10^8\ \text{m/s})^2}{2 \times 1.380\,6 \times 10^{-23}\ \text{J/K} \times (1\,660 \times 10^6\ \text{Hz})^2 \times 2.75 \times 10^{-29}\ \text{sterad}}$$

$$= 1.505\,4 \times 10^{26}\ \text{K}$$

综上:该射电脉冲源的温度约为1.5×10^{26} K。

本书作者:本答案为当年考卷的官方答案,其中有一个地方有歧义。“射电脉冲源的区域尺度肯定不会大于光在脉冲持续时间内走过的距离”,这句话

很容易理解,其中的”尺度“指代的应该是直径。而后面答案求立体角时用的尺度实际上指代的是半径。而如果是笔者想错了,读者就把这段注删掉吧。

11. 略。

12. **解** 本题是关于复合星等的典型例题。题目给出了星系视星等(总星等)的变化情况,要考生求出超新星(单个天体)的星等。可以借助普森公式解答。

先计算超新星爆发后,整个星系的光度 F 比原来增大了多少倍。设 m_1、m_2 分别是星系原有的视星等和超新星爆发后的星等。

$$\Delta E = 2.5^{(m_1-m_2)} = 2.5^{(21.04-20.64)} = 2.5^{0.4} = 1.443$$

也就是说,超新星的爆发使到星系的光度达到了原来的 1.443 倍。由于设定星系原有的亮度为 1,那么超新星的光流量便是整个星系的光度的 $(1.443-1)=0.443$ 倍。然后,设超新星极亮时的星等为 m,有$2.5^{(21.04-m)}=0.443$,则 $21.04-m=-0.88$,$m=21.92$。

13. **解** 行星只会反射恒星的光。在行星凌恒星的时候,行星成为恒星表面上一个不发光的小圆面,从而降低了接收到的恒星的光流量,造成亮度变暗。这里把恒星定义为一个圆形的面光源,可知光度与半径的平方成正比。

设 L_1 为行星凌星时恒星的光度,L_2 为恒星原来的光度,根据星等的定义有

$$\Delta m = -2.5\lg\frac{L_1}{L_2} \tag{19.10}$$

由已知条件可知

$$\Delta m = 1/50\,000 = 0.000\,02$$

代入式(19.10),解出

$$\frac{L_1}{L_2} = 0.999\,981\,6$$

然后设行星的半径为 r,恒星的半径为 R,根据光度与半径的关系有

$$\frac{L_1}{L_2} = \frac{R^2-r^2}{R^2} = 0.999\,981\,6$$

得出$\frac{r}{R}=0.004\,29$,因为该恒星为“类太阳恒星”,所以可把太阳半径 $R_\odot=$

695 500 km 代入上式,得 $r=2\,983$ km。

第13章

1. **解**　根据斯特藩－玻尔兹曼定律,恒星的辐射总光度为

$$L = 4\pi R^2 \cdot \sigma T^4$$

太阳的辐射总光度为

$$L_\odot = 4\pi R_\odot^2 \sigma T_\odot^4$$

所以

$$\frac{L}{L_\odot} = \left(\frac{R}{R_\odot}\right)^2 \left(\frac{T}{T_\odot}\right)^4 \qquad (19.11)$$

已知恒星的半径 $R=2.5R_\odot$,恒星的表面温度 $T=7\,500$ K,太阳的表面温度 $T_\odot=5\,800$ K。将上述数据代入式(19.11),解得

$$L/L_\odot = 17.47$$

此恒星的总光度为太阳的17.47倍。

2. **解**　以 L_0 表示主序星的光度,L_1 表示红巨星的光度;R_0 为主序星半径,R_1 为红巨星半径;T_0 为主序星温度,T_1 为红巨星温度。根据斯特藩－玻尔兹曼定律:

$$L = 4\pi R^2 \cdot \delta T^4$$

代入数据,可以写出红巨星与主序星的光度比为

$$\frac{L_1}{L_0} = \frac{100R^2 \cdot (T/3)^4}{R^2 \cdot T^4} = 10\,000/81 = 123.5$$

说明红巨星的光度是主序星的123.5倍。

要想用同样的望远镜刚好能看到它,必须让它变暗123.5倍。天体的光流量与距离的平方成反比,所以有

$$20 \times \sqrt{123.5} = 20 \times 11.11 = 222.2\ (\text{pc})$$

第14章

1. **解**　答案为E。

原因很简单,仅依据题目给出的信息无法求出三角视差法的基线长度。

2. **解** 题目求的是距离(单位为光年),所以要知道天体线直径与角直径的关系。注意到超新星遗迹相对于星云中心星的视向膨胀速度为 1 200 km/s,利用此速度可算出超新星遗迹膨胀区的线直径。再结合遗迹半径每年增大的角直径,运用公式便可令题目得解。

$$v(\text{膨胀速度}) = 1\ 200\ \text{km/s}, \quad \frac{v}{c} = \frac{1\ 200\ \text{km/s}}{300\ 000\ \text{km/s}} = 0.004$$

所以其膨胀距离应为0.004 ly(光年)。设星云到观测点的距离为 D,将有关数值代入下式得

$$\frac{0.004\ \text{ly}}{2\pi D} = \frac{0.1}{360^\circ}$$

解得

$$D = 8\ 250\ \text{ly}$$

3. **解** 依照三角视差的定义,该卫星可以在 100 pc(秒差距)($1/0.01'' = 100$ pc)的范围内侦测恒星的视差。100 pc 相当于 326 光年。如此可以形成一个计算模型,以地球为球心,半径 r 为 326 光年的球体中的恒星都是此卫星能侦测的范围。这个球体的总体积为 $V = (4/3)\pi r^3 = 1.457 \times 10^9\ \text{ly}^3$(立方光年)。又知恒星间的平均距离为 5 ly,那么每颗恒星的引力所“占据”的体积是 $V_S = 5^3 = 125\ \text{ly}^3$。解得 $V/V_S \approx 1.16 \times 10^6$ 颗。

第 15 章

1. **解** 本题为2015 年 IOAA 原题。

因为各个方向是等价的,只要计算某一个方向看到恒星的平均距离即可,这个值等于每个方向看到恒星的平均距离,从而也就是任意方向看到恒星的总平均距离。

将视线视为一条直线,如果恒星到该直线的垂直距离小于恒星半径,则该恒星会挡住视线。待求为该直线被第一颗恒星挡住的平均距离。这个问题完全等价于求一束光被第一个尘埃分子挡住的平均距离,即平均自由程问题。

假设平均距离为 l,则有

$$S \cdot n \cdot l = 1$$

$$\pi R^2 nl = 1$$

代入解得

$$l = 6.256\ 7 \times 10^{17}\ \text{Mpc}$$

2. **解**　本题为 2016 年 IOAA 原题。

气体为理想气体,满足:

$$\frac{3}{2}k_B T_T = \frac{1}{2}m_{gas}v_{rms}^2 = \frac{1}{2}\frac{M_{gas}}{N_A}v_{rms}^2$$

$$v_{rms} = \sqrt{\frac{3k_B N_A T_T}{M_{gas}}}$$

气体逃逸速度由能量式给出

$$\frac{1}{2}m_{gas}v_{esc}^2 - \frac{GM_T m_{gas}}{R_T} = 0$$

$$v_{esc} = \sqrt{\frac{2GM_T}{R_T}}$$

由题意有

$$v_{rms} < \frac{1}{6}v_{esc}$$

$$\sqrt{\frac{3k_B N_A T_T}{M_{gas}}} < \frac{1}{6}\sqrt{\frac{2GM_T}{R_T}}$$

所以

$$M_{gas} > \frac{54k_B N_A T_T R_T}{GM_T} = 13.2$$

综上:最小原子质量数 A_{min} 为 13.2。

3. **解**　本题为 2015 年国家集训队选拔赛原题。

(1)理想黑体吸收的辐射功率与发射的辐射功率相等,有

$$L_{吸收} = L_{发射}$$

$$\frac{L}{4\pi d^2} \cdot \pi R^2 = 4\pi R^2 T^4$$

$$T = \sqrt[4]{\frac{L}{16\pi d^2}}$$

式中，R 为行星半径；d 为行星到太阳的距离。则有

$$\frac{T_M}{T_E}=\sqrt[4]{\frac{d_E^2}{d_M^2}}=\sqrt{\frac{1}{1.5}}$$

所以

$$T_M=\sqrt{\frac{1}{1.5}}\cdot T_E=228.6\ \mathrm{K}$$

（2）由理想气体状态方程可得

$$pV=nRT$$

$$\rho=\frac{m}{V}=\frac{n\cdot M_{CO_2}}{V}$$

所以

$$\rho=\frac{M_{CO_2}}{R}\cdot\frac{p}{T}$$

代入 $M_{CO_2}=44\ \mathrm{g/mol}$ 与 $R=8.3\ \mathrm{Jmol^{-1}K^{-1}}$，得

$$\rho=5.3\frac{p}{T}$$

（3）先求火星表面重力加速度为

$$\frac{GM_Mm}{R_M^2}=mg_M$$

$$g_M=\frac{GM_M}{R_M^2}$$

$$=\frac{6.674\times10^{-11}\times6.42\times10^{23}}{(3\ 389.5\times10^3)^2}$$

$$\approx3.73\ (\mathrm{m/s^2})$$

代入标高公式有

$$H_M=\frac{kT_M}{mg_M}=\frac{1.38\times10^{-23}\times228.6}{(44\times10^{-3}/6.02\times10^{23})\times3.73}=12(\mathrm{km})$$

综上：（1）火星表面大气平均温度为 228.6 K；（2）$\rho=5.3\frac{p}{T}$；（3）火星大气标高为 12 km。

4. 解　本题为2017年国家集训队选拔赛原题。

本题无参考答案。

第16章

1. 解　老人星的赤纬是$-52°42'$。因此韩国观测老人星最理想的地方是济州岛的最南端。此处老人星的地平高度为$h=90°-\varphi+\delta=90°-33°12'+(-52°42')=4°06'$。在这一地平高度下大气的吸收效应可以用星光穿过大气的厚度来进行估算,在此条件下星光穿过大气的厚度与恒星位于天顶时的比例为$1/\sin h=1/\sin 4°06'\approx 14$。

另一个天文常识是,当恒星处于天顶的位置时,其星光穿过大气层一般会损失20%左右,或者也可以使用在所提供的附表中的光损失数据即19%,或者与其相对应的0.23星等。根据所提供的老人星亮度($m_0=-0.72$),以及其在天顶的吸收系数0.23星等,对于位于地平高度$4°06'$的老人星的光吸收作用可以被计算出来

$$\Delta m=0.23\times(1/\sin 4°06'-1)=3.0$$

老人星的星等是

$$m_1=m_0+\Delta m=-0.72+3.0=2.3$$

2. 解　1 km相对于10 pc完全可以忽略不计,可以推断因1 km的距离变化而导致的恒星视星等变化可以忽略(只有大约7×10^{-15}等)。因此导致星等发生变化的主要原因是大气消光。设在地面观测,天顶处大气消光效应能够导致恒星的亮度降低$a\%$,大气的厚度为h,则爬上1 km的山峰后,恒星的亮度降低$\Delta F=\frac{a\%}{h}(h-1)\times F_0$。这里的$F_0$为恒星在大气层之外的亮度。

为了得到数值解,假设$h=8$ km,$a\%=30\%$,则$\Delta F\approx 26\%\times F_0$,因此在地面和1 km高的山峰处,测得恒星流量差为

$$F_{地}-F_{山}=(1-30\%)F_0-(1-26\%)F_0=-0.04F_0$$

所测量的星等差为

$$\Delta m=m_{地}-m_{山}=-2.5\lg(F_{地}/F_{山})=0.06$$

在山顶测量的星等比地面亮0.06等。

第17章

1.**解** 在这道题目中,需要从有限且看似无关的信息中提取有效信息用以估算太空帆的面积S和厚度d。作为一个估算问题,首先要做的就是把某些比较复杂的问题给合理简单化。

在本题中,其物理情境就是探测器通过太空帆吸收太阳能用于克服势能(实际上有另一种解释方法,见下文),在这个过程中,探测器的轨道半长径是逐渐增大的,而不像传统的椭圆轨道(在某一点给予探测器足够大的冲量),但是在这里,按照真实的物理情境去解这个过程是很困难的,因此可以简单地用椭圆轨道来估计整个过程所用的时间t,则

$$\frac{(19\ \mathrm{AU})^3}{T^2}=\frac{(19\ \mathrm{AU})^3}{4t^2}=\frac{GM}{4\pi^2}$$

即整个过程所用时长为$t\approx1.3$年。

假设太空帆面积为S,结合太阳的辐射功率即可得到该过程中太空帆吸收的能量为$\Delta E=ASt$。

需要注意的是,在这个过程中随着卫星离太阳越来越远,其接收到的辐射功率A也在逐渐变小,在此用1 AU和2.8 AU中值处的辐射功率作为总平均功率的估计,即

$$\Delta=\frac{ASt}{1.9^2}\approx2\times10^{10}S\ \mathrm{J}\quad(S\text{以}\mathrm{m}^2\text{为单位})$$

此时只需要计算从原本1 AU的圆轨道到最终轨道所需要的能量大小,即可估算得到太空帆面积S。

对于初始轨道的能量是很好确定的,即

$$E_1=\frac{GMm}{2\ \mathrm{AU}}\approx-4.4\times10^{11}\ \mathrm{J}$$

对于最终轨道,这里同样用椭圆轨道来进行估计(即半长轴$a=1.9$ AU),则

$$E_2=-\frac{GMm}{3.8\ \mathrm{AU}}\approx-2.3\times10^{11}\ \mathrm{J}$$

再考虑太阳能转化成机械能的效率 k，假设 $k=0.3$（数值不重要，但是有这个考虑是一个加分点），即有

$$E_2-E_1=2.1\times10^{11}\ \mathrm{J}=k\Delta E=6\times10^9\ S\ \mathrm{J}$$

则太空帆面积的估算值 $S\approx35\ \mathrm{m}^2$（这只是一个估算的参考结果，数量级差不多即可）。

此时继续进行厚度 d 的估算，这里需要注意到一些量级上的设定。本题目中探测器的质量为 1 000 kg，如果探测器密度与水一致，那么探测器的总大小为 $1\ \mathrm{m}^3$，而太空帆面积为 $35\ \mathrm{m}^2$，也就是说，即假设探测器密度和水一样且假设所有质量由太空帆提供，这时的太空帆厚度为 3 cm。

当然这个估计并不是很合理，因为只需了解一下太空帆的厚度量级是否符合常识，现在这个结果是可以接受的。继续对这个估算结果进行优化，考虑太阳能板的常用材料是多晶硅（密度为 $2.33\ \mathrm{g/cm^3}$），在此取 $2\ \mathrm{g/cm^3}$ 做估计，并且假设探测器 80% 的质量来自太空帆，即可估算得到最终的太空帆厚度为 $d\approx1\ \mathrm{cm}$。

作为一道估算题，实际上最终的结果并不是特别重要，重要的是在估算的过程中，所做的假设是否足够全面地考虑主要的误差项，以及简化模型的方式和表述是否符合逻辑。在这道题中，实际上也可以从光压给探测器施加冲量的角度来考虑（这样就能够用上镜面条件），只要过程和计算言之有理即可。

2. **解**　(1) 首先建立起双星模型。

假设 M_1 和 M_2 距离系统质心的距离分别为 R_1 和 R_2，则

$$D=R_1+R_2,\quad M_1R_1=M_2R_2$$

利用万有引力和向心力平衡，有

$$\frac{GM_2}{D^2}=\omega^2R_1=\frac{V_1^2}{R_1},\quad \frac{GM_1}{D^2}=\omega^2R_2=\frac{V_2^2}{R_2}$$

进行变量代换有

$$R_1=\frac{M_2R_2}{M_1}$$

即有

$$R_2=\frac{M_1D}{M_1+M_2}$$

则

$$V_1^2 = \frac{GM_2^2}{D(M_1 + M_2)}, \quad V_2^2 = \frac{GM_1^2}{D(M_1 + M_2)}$$

则系统动能为

$$E = \frac{1}{2}M_1 V_1^2 + \frac{1}{2}M_2 V_2^2 = \frac{GM_1 M_2}{2D}$$

角动量为

$$J = M_1 R_1 V_1 + M_2 R_2 V_2 = M_2 R_2 \omega(R_1 + R_2) = \frac{M_1 M_2 D^2 \omega}{M_1 + M_2}$$

（2）由(1)可得

$$\omega^2 R_1 = \frac{V_1^2}{R_1} = \frac{GM_2^2}{D(M_1 + M_2) R_1}$$

即

$$\omega^2 R_1^2 = \left(\frac{M_2 D}{M_1 + M_2}\right)^2$$

$$\omega^2 = \frac{GM_2^2}{D(M_1 + M_2) R_1}$$

则

$$\omega^2 = \frac{G(M_1 + M_2)}{D^2} \qquad \text{（即开普勒第三定律的二体修正）}$$

(3)首先要了解清楚质量转移过程的守恒量,因为质量转移过程中物质间的相互碰撞会导致粒子的动能转移(这个过程中会不可避免地产生损耗),所以在质量转移的过程中,动能不是守恒量,同时角动量是守恒的(角动量的转移过程没有损耗),因此要利用角动量守恒来解决这个问题,即

$$J = \frac{M_1 M_2 D^2 \omega}{M_1 + M_2} = \frac{GM_1 M_2}{\omega}$$

将上述式子代入(2)中的开普勒第三定律以消除 D,此时即可建立起质量转移前后的关系式:

$$\frac{G(M_1 + \Delta m)(M_2 - \Delta m)}{(\omega + \Delta\omega)} = \frac{GM_1 M_2}{\omega}$$

将 M 和 ω 提取到两边,即有

$$\left(1+\frac{\Delta m}{M_1}\right)\left(1-\frac{\Delta m}{M_2}\right)=1+\frac{\Delta m}{\omega}$$

同时,由于质量转移过程中为小量,因此,利用小量代换有

$$(1+x)(1+y)\approx 1+x+y$$

当 $x\ll 1, y\ll 1$ 时,即有

$$1+\frac{\Delta\omega}{\omega}=1+\frac{\Delta m}{M_1}-\frac{\Delta m}{M_2}$$

可得

$$\Delta\omega=\frac{M_2-M_1}{M_1M_2}\omega\Delta m$$

(4)将所给数据代入(3)的答案中,即有

$$\Delta\omega=-\frac{2\pi}{t^2}\Delta T=\frac{M_2-M_1}{M_1M_2}\frac{2\pi}{T}\Delta m$$

可得

$$\Delta m\approx 1.7\times 10^{-8}M_\odot$$

则

$$\Delta m/M_1\Delta mt=5.86\times 10^{-11}\text{年}^{-1}$$

(5)利用(2)得到的开普勒第三定律:

$$\omega^2=\frac{G(M_1+M_2)}{D^2}$$

即可得

$$\Delta D=-\sqrt{G(M_1+M_2)}\frac{\Delta\omega}{\omega}=\frac{D\Delta T}{T}$$

代入上述数据即有

$$\Delta D/D\Delta t\approx 6.3\times 10^{-9}\text{年}^{-1}$$

3. **解**　题目中给出的提示表明对于某一物体 m,其在表面和在星云中心的引力势能之差为$\frac{GMm}{2R}$;同时,对于星云表面物体,其逃逸速度为$\sqrt{\frac{2GM}{R}}$(对于密度均匀的球状物体,其物体外的引力势能都为 $-\frac{GMm}{R}+C$,C 为能量零点常数,而对于无穷远处,其势能为 C,则逃逸速度即可通过能量守恒推导出)。

从星云中心发射的物体逃逸所需能量为

$$E=\frac{GMm}{2R}+\frac{GMm}{R}=\frac{3GMm}{2R}=\frac{mv^2}{2}$$

得其逃逸速度为$\sqrt{\frac{3GM}{R}}$。

4.**解**　开普勒第二定律的本质实际上是角动量守恒。

设太阳到行星距离分别为R,则行星相对于恒星的角动量为

$$J=mR\times v=mvR\sin\theta$$

由角动量守恒则有

$$vR\sin\theta=C$$

式中,θ为速度与位矢量夹角。

在$\mathrm{d}t$($\mathrm{d}t$极小)时间内,行星扫过的面积为

$$\mathrm{d}S=Rv\mathrm{d}t\sin\theta=C\mathrm{d}t$$

即太阳和运动中的行星的连线(矢径)在相等的时间内扫过的面积相等。

从开普勒第二定律出发推导活力公式,要从近日点和远日点这两个特殊点出发,有

$$V_{\mathrm{a}}R_{\mathrm{a}}=V_{\mathrm{p}}R_{\mathrm{p}}\qquad(\text{角动量守恒})$$

$$\frac{V_{\mathrm{a}}^2}{2}-\frac{GM}{R_{\mathrm{a}}}=\frac{V_{\mathrm{p}}^2}{2}-\frac{GM}{R_{\mathrm{p}}}=K\qquad(\text{能量守恒})$$

式中,a和P分别表示近日点和远日点的情况。

将上述两式联立可得

$$\frac{V_{\mathrm{p}}^2}{2}\left(\frac{R_{\mathrm{p}}^2-R_{\mathrm{a}}^2}{R_{\mathrm{a}}^2}\right)+\frac{GM}{R_{\mathrm{a}}R_{\mathrm{p}}}(R_{\mathrm{a}}-R_{\mathrm{p}})=0$$

化简后可以得

$$-\frac{V_{\mathrm{p}}^2}{2}\left(\frac{R_{\mathrm{a}}+R_{\mathrm{p}}}{R_{\mathrm{a}}}\right)+\frac{GM}{R_{\mathrm{p}}}=0$$

将该式子重新代入能量守恒式子中,即

$$K=\frac{V_{\mathrm{p}}^2}{2}-\frac{GM}{R_{\mathrm{p}}}=\frac{GM}{(R_{\mathrm{a}}+R_{\mathrm{p}})}=\frac{GM}{2a}$$

即可得到活力公式为

$$K = \frac{V^2}{2} - \frac{GM}{R} = \frac{GM}{2a}$$

5. 解　这道题考查了角动量守恒的应用,对于太阳演化成白矮星前后,其角动量守恒,而球体的转动惯量为

$$I = \frac{2mR^2}{5}$$

在不考虑质量损失的情况下,通过角动量即有

$$R^2\omega^2 = C$$

即可得变化为白矮星的太阳自转周期为

$$T = \frac{T_0}{100}$$

式中,T_0 为太阳原来的自转周期。

第 18 章

解　本题为 2016 年 IOAA 原题。

(1)依题意有

$$\frac{\rho_{m_0}}{\rho_{r_0}} = \frac{\Omega_{m_0} \cdot \rho_c}{\Omega_{r_0} \cdot \rho_c} = \frac{0.3}{10^{-4}} = 3\ 000$$

$$\rho_m = \rho_{m_0} \cdot (1+z)^3$$

$$\rho_r = \rho_{r_0} \cdot (1+z)^4$$

当辐射能量密度 ρ_r 与物质能量密度 ρ_m 相等时,有

$$\rho_{m_0} \cdot (1+z)^3 = \rho_r = \rho_{r_0} \cdot (1+z)^4$$

$$z_e = 2\ 999 \approx 3\ 000$$

(2)把宇宙当作理想黑体,由斯特藩－玻尔兹曼定律有

$$\left(\frac{T_e}{T_0}\right)^4 = \frac{\rho_{r_e}}{\rho_{r_0}} = 3\ 000^4$$

$$T_e = 3\ 000 \times 2.732 = 8\ 200\ \text{K}$$

(3)观测者接收到的光子最有可能是黑体辐射中峰值波段的光子,所以计算峰值处的波长。由维恩位移定律有

$$\lambda_{\max} = \frac{0.029}{T_e}$$

$$E = \frac{hc}{\lambda_{\max}} = 3.5\ \text{eV}$$

综上：(1)红移 $z_e = 3\ 000$；(2)温度 $T_e = 8\ 200$ K；(3)光子能量为 3.5 eV。